凤凰含章

U0247871

用 心 创 造 现 代 阅 读 之 美

矿物与岩石完全图鉴

陈长伟 主编

含章新实用编辑部 编著

江苏凤凰科学技术出版社 · 南京

图书在版编目（CIP）数据

矿物与岩石完全图鉴 / 陈长伟主编；含章新实用编辑部编著. — 南京：江苏凤凰科学技术出版社，2022.2（2022.8 重印）
ISBN 978-7-5713-2601-2

Ⅰ. ①矿… Ⅱ. ①陈… ②含… Ⅲ. ①矿物—图集②岩石—图集 Ⅳ. ①P57-64②P583-64

中国版本图书馆CIP数据核字（2021）第252297号

矿物与岩石完全图鉴

主　　　编	陈长伟	
编　　　著	含章新实用编辑部	
责 任 编 辑	向晴云	
责 任 校 对	仲　敏	
责 任 监 制	方　晨	

出 版 发 行	江苏凤凰科学技术出版社	
出版社地址	南京市湖南路 1 号A楼，邮编：210009	
出版社网址	http://www.pspress.cn	
印　　　刷	天津丰富彩艺印刷有限公司	

开　　　本	718 mm×1 000 mm　1/16	
印　　　张	15	
插　　　页	1	
字　　　数	350 000	
版　　　次	2022年2月第1版	
印　　　次	2022年8月第2次印刷	

标 准 书 号	ISBN 978-7-5713-2601-2	
定　　　价	49.80元	

图书如有印装质量问题，可随时向我社印务部调换。

前言　PREFACE

　　矿物与岩石是地壳的基本组成部分。在我们的生活中，它们随处可见，形态多种多样，包括光滑的鹅卵石、靓丽的翡翠、粗糙的石块、绚丽的大理石等，早已融入我们生活的方方面面，成为人类社会不可或缺的一部分。

　　矿物是由一定的化学物质组成的天然化合物或混合物，是在地质作用下自然形成的固态无机物，具有固定的化学成分和稳定的化学性质。矿物一共约有 7000 种，其中绝大多数为晶质矿物，只有少数属于非晶质矿物。矿物是极为重要的自然资源，广泛应用于工农业等各个领域。就单体而言，它们大小悬殊，有的肉眼可见，有的需用放大镜才能观察到，有的则需借助显微镜才能分辨；形态也不相同，有的呈规则的几何多面体形态，有的则呈不规则的颗粒状。

　　岩石由一种或多种矿物混合而成，是具有一定结构的集合体。按照成因可分为岩浆岩、沉积岩、变质岩，其中大理石、花岗岩等可作建材，钻石、水晶等可作首饰等装饰品，金矿、黄铜矿等可提炼金属，还有一些如蓝铜矿等可作颜料……用途极广。

　　近些年来，收藏品市场异常火爆，除了字画等传统收藏项目，矿物与岩石作为冷门的收藏品之一也逐渐走入人们的视野。采集矿物与岩石的过程会把你带到另一个世界，可能是海边、河边的峭壁，也可能是采石场、道路或铁路路堑等人工开采场所，还有可能是几百万年前的火山活动地。在这个过程中，你不仅能够体会到采集的乐趣，还可以领略到不一样的风景。

　　本书选取了具有代表性的矿物与岩石，对其进行了详细介绍，包括类别、成分、硬度、特征、成因、鉴定、比重、解理、断口、晶系等，并且还为每种矿物与岩石配了多角度的高清彩色图片，展示矿物与岩石的各部位特征，以方便读者辨认。

　　在本书的编写过程中，我们得到了多位专家的鼎力支持，也有一些矿物与岩石爱好者对本书的编写提出了宝贵意见，在此一并表示感谢！由于编者水平有限，书中难免存在不足之处，欢迎广大读者批评指正。

目录 CONTENTS

◀ 玉髓

▲ 紫水晶

1

◀ 玛瑙

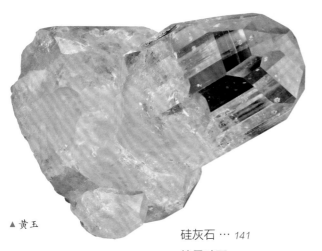

▲ 黄玉

▲ 蓝晶石

3

第二部分：岩石

▲ 片麻岩

PART I

第一部分：

矿物

矿物是组成岩石的基本单元，根据其主要化学成分的不同，可分为自然元素、硫化物及其类似化合物、卤化物、氧化物及氢氧化物类、含氧盐矿物类（如硅酸盐、碳酸盐、硫酸盐等）五大类。

矿物，或是游离而未化合的自然元素，如金、银、铜等；或是元素的化合物，如长石、辉石、闪石和云母等。除少数如水银、蛋白石等矿物外，自然界中的大多数矿物为固体。

矿物的形成

矿物一般形成于地壳裂隙循环流动的热液中。

● 矿脉

矿脉即岩层发生错动和位移的断层带，或岩层未发生错动和位移的破裂带，并且矿脉中矿物资源丰富。

▲ 刚玉

● 岩浆岩

形成于岩浆岩的矿物，由岩浆（地下熔化的岩石）或熔岩（喷出地表熔化的岩石）冷却而形成。

矿物的成分

矿物的成分可用化学式表示，如萤石的化学式为 CaF_2，表示钙原子（Ca）与氟原子（F）化合在一起，而下方的数字 2 则表示氟原子是钙原子的两倍。可根据矿物的化学成分和晶体结构将其分为自然元素、卤化物、氧化物和氢氧化物、硫化物、碳酸盐、硫酸盐、磷酸盐、硅酸盐等。

● 自然元素

自然元素是游离的、未化合的元素。这类矿物较少，约有 50 种，其中一些具有商业价值，如金、银等。

▲ 自然铜

● 变质岩

形成于变质岩的矿物，或是由温度和压力的作用重组了原岩中的化学成分，或是由具有化学活性的流体在循环流动中为矿物增添了新成分冷却结晶而成，如石榴子石、云母和蓝晶石等。岩浆温度较高时，形成的矿物密度较大，如橄榄石、辉石等；岩浆温度较低时，形成的矿物密度较小，如长石、石英等。

▲ 金红石

● 沉积岩

形成于沉积岩的矿物，如赤铁矿、铝土等，由接近地表的低温热液而形成。

▲ 白云石

● 卤化物

卤化物是含有卤族元素氟、氯、溴、碘的矿物。它们一般与金属原子化合成矿物，如石盐由钠和氯组成，萤石由钙和氟组成。卤化物的数量比较少，约有 100 种。

▲ 石盐

● 氧化物和氢氧化物

氧化物是由一种或两种金属元素氧化而成的化合物；氢氧化物则是由一种金属元素与水和羟基化合而成的矿物。这类矿物约有 250 种。

▲ 赤铁矿

● 硫化物

硫化物是由硫与金属、半金属元素化合而成的矿物。它最为常见，如黄铁矿和雄黄等，约有300 种。

▲ 黄铁矿

● 碳酸盐

碳酸盐由一种或多种金属元素与碳酸根 CO_3^{2-} 化合而成，约有 200 种。方解石是最常见的碳酸盐，由钙与碳酸根化合而成。

▲ 方解石

● 硫酸盐

硫酸盐由一种或多种金属元素与硫酸根 SO_4^{2-} 化合而成。

▲ 天青石

● 磷酸盐

磷酸盐由一种或多种金属元素与磷酸根 PO_4^{3-} 化合而成。这类矿物一般色彩鲜艳，且多与砷酸盐和钒酸盐伴生。

▲ 磷灰石

● 硅酸盐

硅酸盐由金属元素与单个或连结的 Si-O（硅－氧）四面体 SiO_4^{4-} 化合而成。这是一类重要而常见的矿物，约有 500 种。

▲ 蓝晶石

矿物的性质

测试矿物的性质，必须测矿物的颜色、光泽、集合体形态以及解理、断口、硬度、比重和条痕等。

● 晶系

根据晶体的对称性和几何形状，矿物晶体可分为六大晶系，包括单斜晶系、等轴晶系、三斜晶系、斜方晶系、正方晶系、六方晶系或三方晶系。每个晶系都有多种不同的形态，同一个晶系内的所有形态都应该与该晶系的对称性有关。

▲ 光卤石

● 解理

解理是指沿矿物薄弱面的裂开方式，这些面一般处于原子层间或原子化学键力最弱的方向。尽管矿物的解理面不如晶面那样光滑，但仍然能均匀地反射光线。可将解理描述为完全、清楚、不清楚和无解理。

▲ 镍铁矿

● 集合体

集合体是晶体的外部特征，决定矿物的主要形态，包括树枝状、片状、柱状、针状、块状、肾状等。

▲ 雌黄

● 双晶

双晶是指同一种矿物的两个或多个晶体彼此有规律地连在一起，可分为接触双晶、穿插双晶、聚片双晶。接触双晶，从外观上看，呈放射状块体；穿插双晶，为两个晶体连生在一起；聚片双晶是两个以上的晶体彼此平行重复地连在一起。

● 断口

用地质锤敲打矿物，它就会裂开，然后露出粗糙的表面，这就是断面。可用参差状、贝壳状、锯齿状和裂片状描述。

▲ 蓝宝石

● 硬度

硬度是指矿物抵抗刻划的能力。我们一般使用莫斯发明的硬度标准去判断矿物的硬度，即莫氏硬度。它分为10级：滑石（1级）、石膏（2级）、方解石（3级）、萤石（4级）、磷灰石（5级）、正长石（6级）、石英（7级）、黄玉（8级）、刚玉（9级）、金刚石（10级）。其中滑石（1级）硬度最小，金刚石（10级）硬度最大。在莫氏硬度中，等级高的矿物可以刻划等级低的矿物，如方解石能刻划石膏，但不能刻划萤石。

除了莫氏硬度，也可用日常用品来测定矿物硬度，如先用硬币，再用小刀、玻璃或石英。

现已有专门测试矿物硬度的测试器，即硬度测试器，测定范围从 3~10，可以很方便地测出矿物硬度。

▲ 刚玉

● **比重**

矿物的比重是指矿物的重量与同体积水的重量之比。可用数字表示，如比重 2.5 表示该矿物重量是同体积水重量的 2.5 倍。

▲ 赤铁矿

● **颜色**

矿物的颜色是指矿物在自然光状态下呈现出的颜色。它能帮助我们鉴定色彩鲜明的矿物。但鉴定时不能完全依靠这项特征，因为有些矿物有多种颜色，还有些矿物为白色或无色，所以，鉴定矿物需综合各种因素，方能得出准确的鉴定结论。

● **条痕**

条痕是指矿物粉末的颜色。一般可在白色无釉瓷板上刻划得到矿物粉末，如果矿物较坚硬，则可用地质锤敲碎一部分或用坚硬的表面与它摩擦，进而得到矿物粉末。由于矿物的条痕色比矿物的颜色稳定，所以它是矿物鉴定的重要特征。

▲ 蛋白石

● **透明度**

矿物的透明度是指矿物能透过可见光的程度。这与矿物晶体结构的原子连接方式有关。当矿物被切成 0.03 毫米的薄片时，如果能清晰地透视其他物体为透明；如果能通过光线，但不能清晰透视其他物体为半透明；而光线完全不能通过的为不透明。

● **光泽**

光泽是矿物表面对光的反射能力。它主要由矿物的表面性质和反射率大小决定，常用暗淡、金属、珍珠、玻璃、油脂和丝绢等术语描述。

▲ 辰砂

自然金

自然金是一种产自矿床或砂矿的金元素矿物，因为它的形状像狗的头，故又称"狗头金"。其颜色为金黄色，具有金属光泽，硬度低，延展性强。自然金形成的条件和因素有很多，主要与产地的地质环境、载金矿物的成分和数量有关。

主要用途

自然金是一种贵金属，它可以用来提取黄金，还可以用来制作饰品、货币及一些工业零件，同时也是唯一一种在国际上流通的金属。

颜色为金黄色至浅黄色的是含杂质较少的，若含银量增加，颜色会逐渐变浅至乳白色

自然成因

自然金主要在高、中温热液成因的含金石脉，或火山热液与火山岩系的中、低温热液矿床中产生，并时常伴有自然银、黄铜矿、黄铁矿等其他矿物。多见于一些砂积矿床、砂岩和砾岩中，也可以在一些河床中找到颗粒状或块状的砂金，海水中也存在。

等轴晶系

产地区域

● 世界主要产地有南非、美国、澳大利亚、加拿大及俄罗斯西伯利亚等。
● 中国主要产地有山东、黑龙江、河南、湖南及青海可可西里等。

特征鉴别

自然金的颜色和条痕都是金黄色的，在空气中不容易被氧化，锤击不易碎，更不怕火炼，并且不能被除王水外的其他任何一种单独酸性溶液溶解。

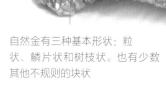

自然金有三种基本形状：粒状、鳞片状和树枝状。也有少数其他不规则的块状

具有金属光泽，不透明

溶解度

自然金不溶于酸，溶于王水及氰化钾、氰化钠溶液。

| 成分：Au | 硬度：2.5~3.0 | 比重：15.6~19.3 | 解理：无 | 断口：锯齿状 |

自然银

　　自然银是一种自然产生的银元素矿物，常有金、汞等杂质伴生。其颜色与条痕均为银白色，具有金属光泽，硬度低，延展性强。它的性质较为稳定，但接触到空气中的硫，发生化学反应失去光泽，变成灰色或黑色的硫化银。

等轴晶系

新断口通常为银白色，接触空气中的硫会氧化为灰黑的锈色

自然成因

自然银主要形成于一些中、低温热液矿床和含铅锌的硫化物矿床中，也见于变质矿床、火山沉积中，常与钴镍砷化物、含银硫盐矿物、自然铋以及沥青铀矿等共生。此外，自然银也出现在含有机质的方解石脉内，但其中往住含有汞。

主要用途

自然银可从常见银矿中提取，但它的主要提炼来源，还是在辉银矿等含银矿物。可用来提取白银。

产地区域

● 主要产地有挪威、德国、加拿大、捷克、墨西哥、法国、美国、意大利、俄罗斯、哈萨克斯坦、印度尼西亚、澳大利亚、秘鲁、玻利维亚、智利、南非等。

特征鉴别

自然银表面呈银白色，有条纹，具有金属光泽，延展性强。因其比重大，能溶于硝酸；熔点低，易熔；是热和电的良导体。如果自然银暴露于硫化氢中，会失去光泽。

集合体通常呈不规则的薄片状、块状、粒状或树枝状，极少呈立体或八面体状

当自然银含金、汞等其他杂质较多时，便会呈现黄色等其他颜色，但不透明

溶解度

自然银溶于硝酸。

成分：Ag	硬度：2.5~3.0	比重：10.1~11.1	解理：无	断口：锯齿状

自然铂

自然铂，又称"白金"，是一种自然产生的铂元素矿物，常含有铁、钯、铱、锇等矿物元素。它具有金属光泽，颜色多为银白色至钢灰色，呈粒状或鳞片状，晶体较为少见。高比重，硬度大，延展性强。但如果自然铂中含有铁，颜色则会偏黑，并微具磁性，同时还有良好的导电性，且化学性质稳定。

具金属光泽，但不透明，无荧光

自然铂的颜色一般呈银白色至暗钢灰色，含铁量多，颜色则会偏黑

产地区域

● 主要产地有俄罗斯诺里尔斯克、加拿大安大略的萨德伯里和阿尔伯达、南非德兰士瓦的兰德地区、美国的蒙大拿州和俄勒冈州、澳大利亚西部的坎巴大、哥伦比亚考卡、巴西米纳斯吉拉斯的塞苏等。

主要用途

自然铂也是一种贵金属，多用于提炼金属铂。因其色泽美观，延展性强，常用来制作首饰及工业材料等。

自然成因

自然铂主要产于基性和超基性的火成岩中，在纯橄榄岩中最为常见，多与橄榄石、铬铁矿、辉石和磁铁矿等共生。

等轴晶系

（特征鉴别）

自然铂具有良好的抗氧化性和催化性，耐酸能力强。

微具磁性，有良好的导电性

溶解度

能溶于热王水，但不溶于硫酸、硝酸等强酸。

呈不规则的粒状或鳞片状，也有少数为较大的块状

| 成分：Pt | 硬度：4.0~4.5 | 比重：21.4 | 解理：无 | 断口：锯齿状 |

自然铜

自然铜是一种自然产生的铜元素矿物，主要成分为铜单质，常含有金、银、铁等其他矿物元素。其颜色多为红色，呈各种片状、板状及块状。它极容易被氧化，被氧化后通常会呈棕黑色或绿色，也可变为孔雀石、赤铜矿、蓝铜矿等铜的氧化物和碳酸盐。

有金属光泽，不透明，密度大

极容易氧化，氧化后则呈棕黑色或绿色

新断面为铜红色，有金属光泽

主要用途

自然铜也是一种重要的金属，产量多时可作为铜矿石开采，因延展性、导热性、导电性均良好，在车辆、电器、船舶工业和民用器具等都有广泛的应用。

自然成因

自然铜主要产于热液矿床中，也多见于含铜硫化物矿床的氧化带下部以及砂岩铜矿床，由铜的硫化物还原而成，常与赤铁矿、孔雀石、辉铜矿等伴生。

溶解度

自然铜溶于硝酸，溶于热的浓硫酸。

特征鉴别

自然铜呈铜红色，表面常有棕黑色氧化膜，在吹管焰下易熔，燃烧时火焰呈绿色，也能溶于硝酸。

集合体通常呈不规则的片状、板状及块状等

产地区域

● 世界著名产地有美国的苏必利尔湖、意大利的蒙特卡蒂尼和俄罗斯的图林斯克。
● 中国主要产地有湖北大冶、安徽铜陵、江西德兴、云南东川、四川会理及湖南麻阳的九曲湾铜矿床、长江中下游等地的铜矿床氧化带。

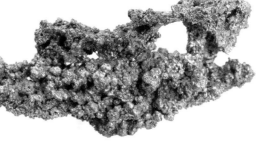

成分：Cu	硬度：2.5~3.0	比重：8.9	解理：无	断口：锯齿状

自然砷

六方晶系，极为罕见

自然砷是由化学元素砷自然产生的一种矿物，主要成分为砷，也含有少量的银、铁、镍、锑和硫黄。其晶体在自然界中并不多见，集合体多呈细粒状、块状、肾状及钟乳状，也常呈同心圆构造。

主要用途

天然形成的砷含有毒性，是一种剧毒物质。多用于提炼砷和制造三氧化二砷（砒霜）等砷化合物。也可用来制作玻璃、杀虫剂、计算机芯片及绘图和焰火中的颜料。

新鲜断面为锡白色，遇空气氧化后易变为暗灰色或黑色

多呈细粒状、块状、肾状及钟乳状的集合体，是一种剧毒物质

产地区域

● 主要产地有美国、德国、加拿大、法国、日本、罗马尼亚、澳大利亚、秘鲁、捷克、智利及马来西亚沙捞越等。

自然成因

自然砷主要产生于热液矿脉中，常与辉锑矿、方铅矿、雄黄、雌黄、辰砂、重晶石等伴生。

具有亚金属光泽，但不透明

（ 特征鉴别 ）

自然砷新鲜断面及条痕均呈锡白色，有金属光泽，加热或敲打后会散发出一股大蒜的味道。

| 成分：As | 硬度：3.0~4.0 | 比重：5.7 | 解理：完全 | 断口：参差状 |

自然锑

有金属光泽，不透明

自然锑是自然产生的一种含锑元素的矿物，主要成分为锑，也常伴有少量的砷、银、铁以及硫黄等其他矿物元素。其颜色通常为锡白色至浅灰色，失去光泽后变为深灰色。中国的锑矿资源相当丰富，储量、产量以及出口量等在全世界均名列前茅。

主要用途

自然锑主要用于提炼锑和制造锑白等锑化合物，也常用于制造合金及半导体。

自然成因

自然锑主要产生于热液矿脉中，常有自然砷和锑硫化物相伴而生。

六方晶系

多呈粒状、葡萄状或钟乳状的集合体

特征鉴别

自然锑具有脆性，遇冷会膨胀，受热则会散发出大蒜的味道。

条痕为灰色

产地区域

● 世界著名产地有德国的黑森林和哈尔茨山及法国、澳大利亚、芬兰、南非等。
● 中国有世界上储量最大的锑矿——湖南锡矿山。

| 成分：Sb | 硬度：3.0~3.5 | 比重：5.7 | 解理：完全 | 断口：参差状 |

自然硫

自然硫是一种由火山作用和沉积作用产生的含硫元素的矿物。火山作用形成的硫通常含有少量硒、碲、砷、钛等，沉积作用形成的硫常夹杂有机质、方解石、黏土、沥青等泥沙。自然硫的晶体通常呈粒状、条带状、密块状、球状及钟乳状的集合体。

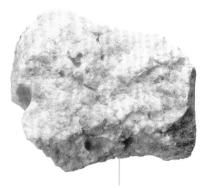

纯净的硫为黄色，若含不同的杂质则会呈现出不同色调的黄色

主要用途

自然硫主要用来制作硫黄和硫酸，也可用来制作化学品，如药品、染料、纸张填料、颜料、合成洗涤剂、合成树脂、合成橡胶、石油催化剂、炸药等。在石油和钢铁工业中也有少量应用。

自然成因

自然硫主要形成于沉积岩、岩浆岩以及硫化矿床的风化带中，常与白云石、方解石、石英等共生，还可由活动或休眠火山喷出的气体或经细菌硫化作用形成。

常呈厚板状或双锥状

产地区域

● 世界主要产地有墨西哥、日本、阿根廷，智利的奥雅圭及美国的夏威夷、得克萨斯州、路易斯安那州等。
● 中国主要产地是台湾北部的大屯火山区。

特征鉴别

自然硫呈黄色，油脂光泽，易燃，燃烧的火焰呈蓝紫色，并伴有刺鼻的硫黄味。摩擦会带负电。

斜方晶系

晶面有金属光泽，断口有油脂光泽，半透明至透明

溶解度

自然硫不溶于水、硫酸和盐酸，溶于二硫化碳、四氯化碳和苯等，在硝酸和王水中则会被氧化成硫酸。

| 成分：S | 硬度：1.0~2.0 | 比重：2.05~2.08 | 解理：不完全 | 断口：贝壳状 |

自然汞

自然汞是自然产生的汞元素的集合体，主要成分为汞，也是俗称的水银。它内聚力强，在常温下为液态，呈水滴状或小球珠状，颜色通常呈银白色。在 -38.87℃时可凝结成固态。

自然成因

自然汞常由汞矿床氧化带的辰砂分解而成，也形成于低温热液矿脉，或重晶石脉、石英脉、碳酸盐脉及白云岩裂隙中，往往与黑辰砂、辰砂、辉锑矿、闪锌矿、黄铁矿、硫铜锑矿等伴生。

在 -38.87℃以下，晶体会呈菱面体，也呈薄膜状或细小粒状

主要用途

自然汞是自然界中唯一的一种液体矿物，比重较大，多与其他药物配制成各种加工品，以供药用。
自然汞性辛、寒、有毒。有杀虫、灭疥癣、驱梅毒之效。
主治恶疮、疥癣、梅毒。汞的化合物能阻断病原微生物酶系统的巯基，抑制其活力，以达到抑制与杀灭的作用。

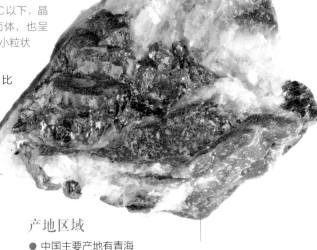

产地区域

● 中国主要产地有青海同德及陕西、四川、西藏等。

有金属光泽，不透明

特征鉴别

自然汞在温度高于 360℃时会气化，蒸气有剧毒。破碎后会呈球珠状，流过处不显污痕。

溶解度

自然汞在固态和液态水银状态下均溶于盐酸或硝酸。

成分：Hg	硬度：液体	比重：14.26	解理：无	断口：无

铋 华

　　铋华是自然产生的一种次生矿物，主要由辉铋矿或含自然铋矿物氧化形成。其颜色呈浅黄至黄色、黄绿至绿黄色或浅绿至橄榄绿，条痕同颜色。通常为块状、粉末状、树枝状、网状、土状和被膜状集合体，有时呈辉铋矿的假象产出，产量较多时可作为铋矿石来使用。

　　软铋华属等轴晶系，为五角三四面体晶类，集合体呈细粒状或土状。

细薄碎片会透光，质地较软

表面略带微红或晕彩，有金刚光泽或暗淡光泽

自然成因 ———
铋华一般形成于热液矿脉和伟晶岩中，并与氯铋矿、泡铋矿、钒铋矿等紧密共生。

产地区域
● 世界主要产地有墨西哥杜兰戈矿床氧化带。
● 中国主要产地有云南、赣南钨铋矿床氧化带。

主要用途
铋华主要用于提炼铋和制取氧化铋、碱式硝酸铋、硝酸铋等。

(**特征鉴别**)
铋华在低温下易熔化；在吹管焰下也易熔化，被还原出金属铋。

溶解度
铋华溶于硝酸，并且不会起泡。

成分：Bi	硬度：2.0~2.5	比重：9.7~9.8	解理：完全底面	断口：参差状

镍铁矿

等轴晶系

　　镍铁矿属于红土镍矿的一种，在自然界中并不常见，主要的金属矿物成分为镍铁矿和赤铁矿。其颜色呈铁灰色、深灰色或黑色，条痕为铁灰色。常以块状和粒状的集合体产出。

断口呈参差状

自然成因 ———
镍铁矿多形成于蚀变后的玄武岩，或因蛇纹岩化作用发生蚀变后的超基性岩石中。

主要用途
镍铁矿可用来提炼铁。

新鲜镍铁矿的断面有金属光泽

(**特征鉴别**)
镍铁矿具有较强的磁性。

成分：Ni，Fe	硬度：4.0~5.0	比重：7.3~8.2	解理：立方状	断口：参差状

石 墨

石墨是碳元素的一种同素异形体，别名石黑、石黛、画眉石等，是自然界中最软的一种矿物。通常呈鳞片状、块状或土状的集合体。它化学性质较为稳定，耐腐蚀性强，同酸、碱等试剂不易发生反应，同时具有良好的导热性。石墨无毒，但吸入其粉尘则会引起呼吸道疾病。

不透明，有半金属光泽

六方晶系

石墨的质地较软，触摸有滑感，可污染纸张

石墨的颜色为黑灰色，条痕为黑色

主要用途

石墨在生活中应用极为广泛，可用作润滑剂、抗磨剂，高纯度石墨可用作原子反应堆中的中子减速剂，还可用于制造电极、干电池、石墨纤维、冷却器、换热器、电弧炉、弧光灯、铅笔的笔芯等。

溶解度

石墨不溶于水。

自然成因

石墨一般是在高温、高压下形成的，并常见于大理岩、片麻岩或片岩等变质岩中。
但有些石墨是由含有机质或碳质的沉积岩经区域变质或煤层经热变质作用形成，还有些则是岩浆岩的原生矿物。

产地区域

● 主要产地有中国、印度、巴西、墨西哥、加拿大、捷克等。

特征鉴别

石墨摸起来有种滑腻感，在纸上摩擦时会留下痕迹。

成分：C	硬度：1.0~2.0	比重：2.1~2.3	解理：完全	断口：参差状

金刚石

　　金刚石，又称"金刚钻"，主要矿物成分为碳元素，是石墨的同素异形体，同时也是钻石的原石，属于自然界中存在的最坚硬的物质。其颜色会根据所含杂质的多少呈现出不同的色彩。不含杂质的呈透明状，含杂质的则呈半透明或不透明。

主要用途

金刚石是一种贵重宝石，应用广泛，常用于制作饰品或工业中的切割工具。

自然成因

金刚石只产生于金伯利岩或少数钾镁煌斑岩中，有时也在河流、冰川等外力作用下出现在其他地方，常与石榴石和橄榄石两种矿物伴生。

> 少数有金属光泽
> 或油脂光泽

特征鉴别

金刚石耐酸、碱，在高温下不会与硝酸、浓氢氟酸、氯化氢产生作用。它的折射率高，在阴极射线、X射线和紫外线的照射下，会发出天蓝色、绿色、紫色、黄绿色或其他荧光；在阳光下还会发出淡青蓝色的磷光。

> 颜色为黄色、绿色、蓝色、紫色、灰色、乳白色和褐色等，以无色状态为最佳

> 正八面体晶体，通常呈粒状

产地区域

● 金刚石在世界各地均有发现，俄罗斯、澳大利亚、博茨瓦纳、刚果和南非是著名的五大产地。

成分：C	硬度：10.0	比重：3.52	解理：完全或不完全	断口：贝壳状或参差状

水羟砷锌石

水羟砷锌石是一种由含水的砷酸锌形成的矿物。其颜色通常为无色透明或鲜黄色。其性质也较脆，解理不发育。

主要用途

水羟砷锌石应用不广，主要用来磨制翻面宝石和收藏。

自然成因 ———

水羟砷锌石主要呈脉状，产于石灰岩中。

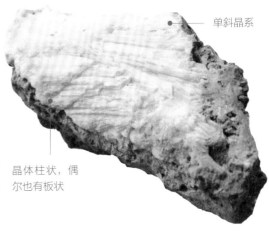

单斜晶系

晶体柱状，偶尔也有板状

产地区域

● 透明晶体主要来自墨西哥的凯利。

（特征鉴别）———

水羟砷锌石性脆。

成分：$Zn_2(AsO_4)(OH)\cdot H_2O$	硬度：4.5~5.0	比重：5.7	解理：完全	断口：参差状

方钴矿

方钴矿是钴和镍的砷化物，含有少量的铁和镍。其晶体呈立方体、八面体，或者两者兼具，呈致密粒状的集合体，但很少见。

主要用途

方钴矿是提炼钴的重要矿物原料。

不透明，具金属光泽

自然成因 ———

方钴矿一般形成于热液矿脉中，同时与砷镍矿、红镍矿、砷钴矿等钴镍砷化物伴生。

等轴晶系

条痕为黑色

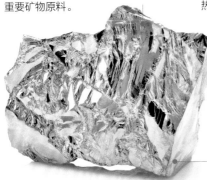

产地区域

● 世界著名产地有加拿大安大略省等。

（特征鉴别）

方钴矿具有良好的导电性，加热后会释放出浓烈的大蒜味。

颜色为锡白色至钢灰色，偶尔也带浅灰色或虹彩锖色

成分：$(Co, Ni)As_3$	硬度：5.5~6.0	比重：6.8	解理：不完全	断口：参差状

砷镍矿

性脆，有金属光泽，不透明，不发光

砷镍矿是自然形成的一种含镍的砷化物，又名镍方钴矿，常含少量的钴和铁。一般呈粒状、块状和柱状的集合体。其颜色为锡白色至钢灰色，条痕为灰黑色。具有导电性。若接触地表则易氧化，变成镍华。

通常呈粒状和致密块状

等轴晶系

主要用途
砷镍矿是提炼镍的重要矿物原料。

产地区域
● 主要产地有德国图林根州等。

溶解度
砷镍矿溶于硝酸后形成绿色溶液。

自然成因
砷镍矿主要形成于热液矿脉中，常与砷钴矿、红砷镍矿、方铂矿、辉砷钴矿等矿物共生，也可与红砷镍矿相伴产于超基性岩中。

(特征鉴别)
砷镍矿易熔，加热后会释放出大蒜的味道。同时具有镍的微化反应。

成分：NiAs₃	硬度：5.5~6.0	比重：7.7~7.8	解理：不完全	断口：参差状

辉铋矿

具有金属光泽，易风化

呈放射柱状或致密粒状的集合体

辉铋矿是一种自然产生的硫化物矿物，分布比较广，因极少形成独立的矿床，所以常产于其他的金属矿床中。其晶体多呈针状或长柱状。其颜色一般为带铅灰色的锡白色。

溶解度
辉铋矿溶于硝酸，并会在表面留下片状的硫颗粒。

主要用途
辉铋矿是提炼铋的矿物原料。

产地区域
● 世界主要产地有俄罗斯、秘鲁、玻利维亚。
● 中国主要产地为赣南的钨锡矿床。

自然成因
辉铋矿产于高温热液钨锡矿床中，也常与辉钼矿、黑钨矿、毒砂和黄玉等共生，偶尔在中温热液矿床和接触交代矿床中也会有产出。

(特征鉴别)
辉铋矿的光泽较强，比重也更大，解理面上没有横纹。

成分：Bi₂S₃	硬度：2.0~2.5	比重：6.8	解理：完全	断口：参差状

方铅矿

方铅矿属于硫化铅，是一种常见矿物，分布较为广泛，在中国古代被称为草节铅。其晶体通常为粒状或致密块状的集合体。其颜色为铅灰色，条痕为灰黑色。同时，铅还是具有很强毒性的重金属元素。

具有金属光泽，不透明

主要用途

方铅矿不仅是提炼铅的重要矿物，它还含有银，也可提炼出银。同时在冶金工业、国防、科技、电子工业等也有广泛应用。

自然成因

方铅矿主要形成于中、低温热液矿床中，常与黄铁矿、磁铁矿、磁黄铁矿、黄铜矿、闪锌矿、石英、方解石、重晶石等共生。如果在氧化带中形成，则易转变为铅矾、白铅矿等。

具有弱导电性和良检波性

等轴晶系，晶形呈立方体

产地区域

● 中国主要产地有云南、广东、青海，一些铅锌矿同时会有方铅矿产出，一些煤矿中有时也会发现它们。

溶解度

方铅矿溶于硫酸。

（ 特征鉴别 ）

方铅矿有强金属光泽，硬度小，密度大，溶于硫酸后会产生带臭鸡蛋味的硫化氢。总是与闪锌矿共生，在地表易风化成铅矾和白铅矿。

成分：PbS	硬度：2.5	比重：7.58	解理：完全	断口：亚贝壳状

辰砂

辰砂是一种自然产生的硫化汞矿物，含汞量86.2%，也常含有黏土、地沥青、氧化铁等杂质，又被称为鬼仙朱砂、丹砂、汞砂。其晶体常呈菱面体状或板状，穿插双晶，集合体则呈粒状、致密块状或皮膜状。在中国古代，它曾是炼丹的重要原料，同时也是一种中药材，具有镇静、安神和杀菌等功效。

若不含杂质，则具有金刚光泽，呈朱红色；含有杂质，则光泽暗淡，呈褐红色

主要用途

辰砂是提炼汞的主要矿物原料，也是激光技术的重要材料。因颜色经久不褪，也多作为颜料应用。

自然成因 ————

辰砂主要形成于低温热液矿床中，与近代火山作用有关。常与雄黄、雌黄、石英、方解石、辉锑矿、黄铁矿等共生。此外，它可由产于氧化带下部的黑黝铜矿分解形成。

具有金刚光泽，半透明至不透明

产地区域

● 世界主要产地有美国加利福尼亚的太平洋沿岸山脉、意大利尤得里奥、西班牙阿尔马登、墨西哥等。
● 中国主要产地有湖南新晃、贵州铜仁、云南等地。

晶簇常呈菱形双晶体、大颗粒单晶体，晶体表面具有红色条痕，半透明

特征鉴别 ——

辰砂在溶于硫化钠和王水后，会产生有臭鸡蛋味的硫化氢。

溶解度

辰砂溶于硫化钠和王水，不溶于强酸。

三方晶系或六方晶系

| 成分：HgS | 硬度：2.0~2.5 | 比重：8.0~8.2 | 解理：完全 | 断口：贝壳状至参差状 |

闪锌矿

闪锌矿是一种含锌的硫化物，是提炼锌的主要矿物原料，含锌达67.1%。通常也含铁，当含铁量大于10%时则被称为铁闪锌矿。此外它还时常含有锰、铟、铊、镓、镉、锗等稀有元素。当闪锌矿不含杂质时，颜色近于无色，条痕的颜色会因含铁量不同而由浅变深，从白色至褐色。部分闪锌矿有摩擦发光性，不导电。

主要用途

闪锌矿是提炼锌的主要矿物原料，成分中含有的稀有元素也可以综合利用。最大的用途是镀锌工业。此外，锌和许多有色金属能形成合金，可广泛应用于机械制造、医药、橡胶、油漆等工业，还可制作颜料。

自然成因

闪锌矿主要形成于中、低温热液成因和接触矽卡岩型矿床中，且分布较广，常与方铅矿共生。氧化后易成菱锌矿。

等轴晶系，晶体呈四面体或菱形体，集合体呈粒状

因含铁量的不同，颜色会呈浅黄色、黄褐色、棕色，甚至黑色

特征鉴别

纯闪锌矿不易熔，但会随含铁量的增加，熔点慢慢降低。

产地区域

● 世界著名产地有美国密西西比河谷、澳大利亚布罗肯希尔等。
● 中国主要产地有青海锡铁山、广东韶关仁化县凡口矿、云南金顶等。

透明、半透明至不透明，金刚光泽、树脂光泽至半金属光泽

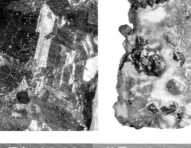

| 成分：ZnS | 硬度：3.5~4.0 | 比重：3.9~4.1 | 解理：完全 | 断口：贝壳状 |

辉锑矿

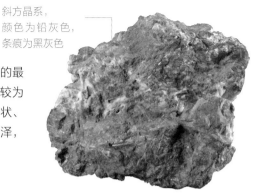

斜方晶系，
颜色为铅灰色，
条痕为黑灰色

　　辉锑矿是一种含锑的硫化物，是提炼锑的最重要的矿物原料，含锑量71.69%。其晶体较为常见，断面具有纵纹，常呈块状、柱状、针状、粒状或放射状的集合体。铅灰色，有金属光泽，性较脆，易熔。

主要用途

辉锑矿是提炼锑的重要矿物原料之一，应用也较为广泛，可用来制作安全火柴和胶皮，耐摩擦的合金、轴承，枪弹的材料，以及印刷机、抽水机、起重机等的零件，也可用于医药等。

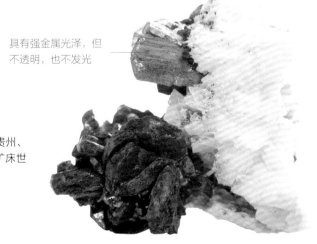

晶体较为常见，
呈锥面的长柱状或针状

特征鉴别

辉锑矿易熔，蜡烛加热便可熔化，性脆，遇冷会膨胀。

自然成因

辉锑矿分布较广，主要形成于中、低温热液矿床中，常集中分布在石英矿脉或碳酸盐矿层中，同时常与雌黄、雄黄、黄铁矿、辰砂、方解石、石英等共生。

具有强金属光泽，但不透明，也不发光

产地区域

● 中国主要产地有湖南、广东、广西、贵州、云南等，湖南冷水江锡矿山的大型辉锑矿床世界闻名。

溶解度

辉锑矿溶于盐酸。

| 成分: Sb_2S_3 | 硬度: 2.0~2.5 | 比重: 4.52~4.62 | 解理: 完全 | 断口: 参差状至亚贝壳状 |

斑铜矿

斑铜矿是一种铜铁硫化物，含铜量 63.3%。其新鲜断面呈暗铜红色，氧化后呈蓝紫斑状的锖色，条痕为灰黑色，常呈致密块状或分散粒状的集合体，并有黄铜矿伴生。

具有金属光泽，不透明

主要用途

斑铜矿是提炼铜的主要矿物原料之一。

自然成因

斑铜矿主要形成于热液成因的斑岩铜矿床中，分布较广，常与黄铜矿、黄铁矿、黝铜矿、方铅矿、硫砷铜矿、辉铜矿等共生；也会在铜矿床的次生富集带形成，但同时也被次生辉铜矿和铜蓝替换。氧化后会形成孔雀石和蓝铜矿。

产地区域

● 世界主要产地有美国蒙大拿州的比尤特、墨西哥卡纳内阿和智利丘基卡马塔等。
● 中国主要产地有云南东川等。

等轴晶系，晶体可见等轴状的立方体、八面体和菱形十二面体等假象外形

性脆，有导电性

溶解度

斑铜矿溶于硝酸。

特征鉴别

斑铜矿易被氧化，被氧化后呈紫蓝斑杂的锖色。

| 成分：Cu_5FeS_4 | 硬度：3.0 | 比重：4.9~5.3 | 解理：不完全 | 断口：参差状至贝壳状 |

黄铜矿

黄铜矿是一种铜铁硫化物，常含有微量的金、银等矿物。因时常被误认为是黄金，也被称为"愚人金"。黄铜矿是一种较为常见的铜矿物，晶体呈四面体状。颜色为铜黄色至黄褐色，条痕则为微带绿的黑色。

多呈不规则的粒状、致密块状、肾状及葡萄状的集合体，表面常呈蓝色、紫褐色的斑状锈色

主要用途
黄铜矿是提炼铜的主要矿物原料之一。

自然成因 ———
黄铜矿主要在热液作用和接触交代作用下形成，分布较为广泛。

(**特征鉴别**) ———
黄铜矿易熔，燃烧时火焰呈绿色。

具有金属光泽，不透明

溶解度
黄铜矿溶于硝酸。

性脆，有导电性

产地区域
● 世界主要产地有美国亚利桑那州的克拉马祖、犹他州的宾厄姆，蒙大拿州的比尤特，西班牙的里奥廷托，墨西哥的卡纳内阿，智利的丘基卡马塔等。
● 中国的主要产地集中在长江中下游地区、山西南部中条山地区、川滇地区、甘肃的河西走廊以及西藏等。以江西德兴、西藏玉龙等铜矿最著名。

成分：$CuFeS_2$ | 硬度：3.0~4.0 | 比重：4.3~4.4 | 解理：不清楚 | 断口：参差状至贝壳状

辉铜矿

辉铜矿是一种由原生硫化物经氧化分解，再经还原作用而形成的次生矿物。其晶体新鲜断面呈暗铅灰色。辉铜矿延展性较好，硬物划过不成粉末，有光亮刻痕。此外，还具有良好的导电性。

主要用途
辉铜矿因含铜量较高，是提炼铜的主要矿物原料，也是电的良导体。

自然成因
辉铜矿主要形成于热液成因的铜矿床中，常与斑铜矿伴生，偶尔也会见于含铜硫化物矿床的氧化带下部。

斜方晶系，
氧化后表面呈黑色或锈色，
不发光

条痕为暗灰色

特征鉴别
辉铜矿易污手，并易熔，燃烧时火焰呈绿色，并释放出二氧化硫气体。
常与斑铜矿共生。
外生辉铜矿见于含铜硫化物矿床氧化带下部。

产地区域
● 世界著名产地有美国、英国、意大利、西班牙和纳米比亚等。
● 中国主要产地为云南东川。

溶解度
辉铜矿溶于硝酸。

具有金属光泽，
不透明

| 成分：Cu_2S | 硬度：2.5~3.0 | 比重：5.5~5.8 | 解理：不清楚 | 断口：贝壳状 |

铜蓝

铜蓝是一种主要成分为硫化铜的矿物，含铜量66%，因颜色呈靛蓝色，具有金属光泽，故得名。其晶体在自然界中比较少见，通常呈片状或细薄六方板状，或像一层膜覆盖在其他矿物或岩石上，有时也像一团烟灰。

六方晶系，颜色呈靛蓝色

主要用途

铜蓝是提炼铜的主要矿物原料，常与其他铜矿物一同应用。

溶解度

铜蓝难溶于水。

集合体多呈薄膜片状、被膜状或烟灰状

特征鉴别

铜蓝易熔，燃烧后火焰呈蓝色。

自然成因

铜蓝主要产于含铜硫化物矿床或次生硫化物富集带中，是一种较为常见的矿物，多与辉铜矿伴生，极少因热液作用形成。也曾在火山熔岩中发现铜蓝，在硫质喷气作用下产生。

产地区域

● 主要产地有俄罗斯乌拉尔的布利亚温、美国蒙大拿州的比尤特、塞尔维亚的博尔等。德国、英国等地也有产出。

具有金属光泽或光泽暗淡，不透明

| 成分：CuS | 硬度：1.5~2.0 | 比重：5.5~5.8 | 解理：完全 | 断口：参差状 |

雌 黄

雌黄的主要成分是三硫化二砷，砷含量 61%，硫含量 39%，有剧毒。其晶体多呈粒状、鳞片状、不规则块状的集合体。其颜色为柠檬黄色，条痕为鲜黄色。晶体微带特异的臭气，味道较淡。因质地较脆，用手捏即成橙黄色的粉状，无光泽。

单斜晶系

主要用途
雌黄是一种中药；在中国古代，也常用来修改错字。

自然成因
雌黄主要形成于低温热液矿床和硫质火山喷气孔内，常与雄黄共生，因此又被称为"矿物鸳鸯"，偶尔也有一些雌黄形成于温泉周围沉积的皮壳内。

有时会因含有雄黄而呈橙黄色，表面也常覆有一层黄色粉末

性脆，
晶体多呈短柱状或板状

产地区域
● 世界主要产地有罗马尼亚、德国萨克森自由州等。
● 中国主要产地有湖南和云南等。

具有金刚石光泽至油脂光泽，半透明

 特征鉴别
雌黄易熔，燃烧后生成的液体呈红黑色，同时产生黄白色烟，并散发出强烈的大蒜味道。

溶解度
雌黄不溶于水和盐酸，但溶于硝酸和氢氧化钠溶液。

成分：As_2S_3	硬度：1.5~2.0	比重：3.4~3.5	解理：完全	断口：参差状

雄 黄

雄黄的主要成分是四硫化四砷，是砷的硫化物矿物之一，又名黄金石、鸡冠石、石黄。其晶体通常也呈致密粒状或土状的集合体。其颜色通常呈橘红色或橙黄色，具有金刚光泽，透明至半透明。

主要用途

雄黄加热后会在空气的氧化作用下产生剧毒，即砒霜，可药用。

条痕为浅橘红色，性脆

自然成因 ————————

雄黄主要产于低温热液矿床或温泉沉积物和硫质火山喷气孔内，常有雌黄、辉锑矿、辰砂等伴生。

单斜晶系，晶体一般呈柱状或针状，较为少见

药用功效

▲ 抗肿瘤，对细胞有腐蚀作用，能抑制移植性小鼠肉瘤 S-180 的生长。
▲ 对神经有镇痉、止痛作用。
▲ 有杀虫作用。
▲ 水浸剂可抑制金黄色葡萄球菌、人体结核杆菌、变形杆菌、绿脓球菌及多种皮肤真菌。
▲ 被肠道吸收会引起呕吐、腹泻、眩晕、惊厥等症状，慢性中毒会损害肝、肾的生理功能。

新鲜断面呈油脂光泽

产地区域

● 主要产地有美国及中国湖南、云南等。

溶解度

雄黄不溶于水，但溶于硝酸，形成黄色溶液。

特征鉴别

雄黄易熔，燃烧后会产生白烟，并发出大蒜味。若放置在太阳光下暴晒，则会变成黄色的雌黄和砷华。

| 成分：As₄S₄ | 硬度：1.5~2.0 | 比重：3.56 | 解理：良好 | 断口：贝壳状 |

黄铁矿

黄铁矿主要是含铁的二硫化物（FeS_2），同时常含微量的钴、镍、铜、金、硒等元素。其晶体完整，通常呈立方体、八面体、五角十二面体的集合体。其颜色呈浅黄铜色，具有明亮的金属光泽，"黄铁矿"和"黄铜矿"在野外都很容易被误认为是黄金，因此都被称为"黑人金"。黄铁矿也是一种半导体矿物，具有检波性。

主要用途

黄铁矿可提取硫，制造硫酸、催化剂，可供药用，也可制作饰品。

不透明 —

产地区域

● 世界著名产地有美国、西班牙、捷克、斯洛伐克等。
● 中国著名产地有广东英德和云浮，甘肃白银，安徽马鞍山等。

药用功效

黄铁矿别名石髓铅，砸碎或煅用有散瘀止痛、接骨疗伤的功效，成药制剂有"活血止痛散""军中跌打散"等。

晶体多呈块状或粒状，集合体则常呈致密块状、粒状或结核状

自然成因 —

黄铁矿主要产生于岩浆岩或热液作用中，是分布较广的硫化物，常与其他硫化物、氧化物、石英等共生。氧化后易分解形成氢氧化铁，如针铁矿等。

等轴晶系，
常呈黄褐色锈色，条痕为绿黑色或褐黑色

（特征鉴别）—

黄铁矿易熔化。

成分：FeS_2	硬度：6.0~6.5	比重：5.0	解理：不清楚	断口：贝壳状至参差状

磁黄铁矿

　　磁黄铁矿是一种含铁的硫化矿物，含硫量40%，偶尔会含镍，因此也会用作提炼镍的原料。其单晶体较为少见，通常呈六方板状、柱状或桶状。其颜色呈暗青铜黄色，微微带红。具有导电性和磁性。

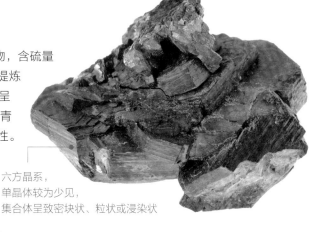

条痕为灰黑色

六方晶系，
单晶体较为少见，
集合体呈致密块状、粒状或浸染状

主要用途

磁黄铁矿主要用来提炼硫及制作硫酸，也可用于含重金属废水的净化处理。

自然成因

磁黄铁一般产于铜镍硫化矿床和基性岩体内的铜钼硫化物岩浆床中，常与镍黄铁矿、黄铜矿、黄铁矿、磁铁矿、毒砂等共生。易氧化，氧化后易分解为褐铁矿。

产地区域

● 主要产地有美国、加拿大、德国、墨西哥、巴西、瑞典、俄罗斯、芬兰、挪威等。

具有金属光泽，不透明

（特征鉴别）

磁黄铁矿具有强磁性。
有时在矿床中可形成巨大的聚集。

| 成分: FeS | 硬度: 3.5~4.5 | 比重: 4.6~4.7 | 解理: 平行 | 断口: 不完全 |

白铁矿

　　白铁矿是一种含铁的硫化物矿物，通常含有金、铜、锌、硒等矿物。其颜色为浅灰或浅绿色，条痕为灰绿色，新鲜断面呈锡白色。其晶体通常呈平行板状或双锥状，偶尔呈短柱状。具有一定的导电性。

主要用途

白铁矿是提炼硫酸的主要矿物原料之一，也可用来提炼硫黄。焙烧后形成的铁渣根据纯度可作颜料或铁矿石。

产地区域

● 主要产地有美国、德国、英国等。

氧化后呈浅黄铜色，略带浅灰色或浅绿色

自然成因

白铁矿在自然界中分布较少，内生的白铁矿形成于晶洞中，常与黄铁矿、黄铜矿、方铅矿、磁黄铁矿、雄黄、雌黄等硫化物共生；外生的白铁矿则以结核状产于碳泥质岩的地层中。当温度高于350℃时，变为黄铁矿。

溶解度

白铁矿溶于硝酸，表面变为灰色且会起泡，至完全溶解后会出现絮状硫。

斜方晶系，
集合体呈结核状、钟乳状、皮壳状、球状、鸡冠状或束状等

有金属光泽，不透明

特征鉴别

白铁矿暴露在空气中易被分解。

成分：FeS$_2$	硬度：5.0~6.0	比重：4.6~4.9	解理：不完全	断口：参差状

镍黄铁矿

　　镍黄铁矿是自然产生的一种含有镍和铁的硫化物矿物，是提炼镍的主要矿物原料，世界上 90% 的镍都是从其中提取的。其颜色为古铜黄色，条痕为绿黑色，若在氧化带中则易氧化成鲜绿色被膜状镍华或含水硫酸镍。

具有金属光泽

不透明

自然成因

镍黄铁矿主要在基性岩的铜镍硫化物矿床中产生，常与磁黄铁矿、黄铜矿共生，偶也见于超基性岩的铬铁矿中。

主要用途

镍黄铁矿主要用来提炼镍，因常含有钴，也可用来提炼钴。

产地区域

● 主要产地有中国、俄罗斯、加拿大、澳大利亚、南非、津巴布韦和博茨瓦纳等。

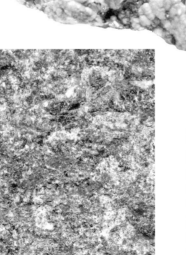

等轴晶系，通常呈细粒状

特征鉴别

镍黄铁矿无磁性，熔点低，燃烧后会产生浅灰色的小珠，与磁黄铁矿极为相似，但磁黄铁矿通常有磁性。

显微镜下，镍黄铁矿比磁黄铁矿颜色稍淡，可根据镍黄铁矿的色调、条痕、裂理与磁黄铁矿相区分。

成分：（Fe, Ni）$_9$S$_8$	硬度：3.0	比重：4.5~5.0	解理：完全	断口：贝壳状

辉钼矿

辉钼矿的主要成分为二硫化钼，是一种含有钼的硫化物矿物，含钼量 59.94%，是自然界中含钼最高的矿物，也常含有铼。它有两种不同的类型：六方晶系和三方晶系。晶体通常呈片状、鳞片状或细小分散粒状的集合体。硬度低，颜色及条痕较淡，铅灰色，光泽较强，有金属光泽。

有较强的金属光泽，不透明，不发光

主要用途

辉钼矿是提炼钼和铼的主要矿物原料，常用来制造钼钢、钼酸、钼酸盐和其他钼的化合物。

三方晶系、六方晶系，晶体常呈六方板状，颜色为铅灰色，条痕为亮灰色

自然成因

辉钼矿是分布较广的一种矿物，主要在高、中温热液矿床及矽卡岩矿床中产生；有时会与锡石、辉铋矿、黑钨矿、毒砂等共生；也会与绿帘石、透辉石、白钨矿等共生。

薄片有挠性和油腻感

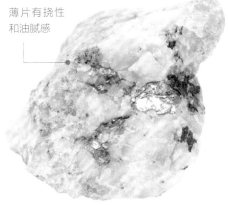

产地区域

● 世界著名产地有美国、澳大利亚新南威尔士州、加拿大魁北克和安大略省、英国、瑞典、挪威、墨西哥等。
● 中国主要产地有辽宁、河南、山西、陕西等。

（特征鉴别）

辉钼矿燃烧或在硝酸中加热，可以得到三氧化钼。

具有导电性，耐高温，会随着温度的增高而增强导电性。

与石墨相似，但比石墨重，色泽偏蓝。石墨呈黑色略带棕色；辉钼矿条痕呈绿色。

| 成分：MoS_2 | 硬度：1.0~1.5 | 比重：4.62~5.06 | 解理：完全 | 断口：参差状 |

毒 砂

单斜晶系或三斜晶系,
颜色为锡白色,条痕为灰黑色

　　毒砂是一种自然产生的含有铁砷元素的硫化物矿物,又称为砷黄铁矿,是金属矿床中分布最广的原生砷矿物,含砷量 46.01%。其晶体呈柱状,晶面常带有条纹,晶体结构为白铁矿型的衍生结构,通常呈粒状或致密块状的集合体。毒砂在中国的旧称为白砒石,可以从中提取砒霜。

主要用途

毒砂是提炼砷和制取砷化物的主要矿物原料。
还可以用来提取钴。

自然成因

毒砂的分布较为广泛,主要产于中、低温热液矿床中,也可产于矽卡岩型和高温热液矿床中,常与自然金、黑钨矿、黄铁矿、锡石等共生。

集合体呈粒状
或致密块状

产地区域

● 世界主要产地有英国的康沃尔、德国的弗赖贝尔格、加拿大的科博尔等。
● 中国主要产地有甘肃、山西、湖南、江西、云南等。

特征鉴别

毒砂加热燃烧后会产生磁性,用力捶打会产生大蒜味,即砷的味道。
毒砂像锡一样发亮。

| 成分: FeAsS | 硬度: 5.5~6.0 | 比重: 5.9~6.3 | 解理: 不完全 | 断口: 锯齿状 |

辉砷钴矿

等轴晶系或斜方晶系,
颜色通常呈锡白色略带玫瑰红色,
条痕为灰黑色

　　辉砷钴矿又称辉砷矿,是一种含钴的硫砷化物,含钴量 35.5%,一般为 25%~34%。

　　晶体呈立方体、八面体、五角十二面体或聚形,集合体呈粒状或致密块状。呈现略带玫瑰红的锡白色。条痕为灰黑色,具有金属光泽,硬度为 5~6,比重为 6.0~6.5。

辉砷钴矿可溶于硝酸

主要用途

是提炼钴的主要矿物原料。

自然成因

辉砷钴矿主要产生于热液成因或接触交代矿床和含钴的热液矿脉中,同时易氧化成玫瑰色的钴华。

产地区域

● 著名产地有加拿大安大略的科博尔特、瑞典的图纳贝里、中亚高加索地区的达什克桑以及中国海南

特征鉴别

辉砷钴矿易熔,燃烧后会形成略带磁性的小珠粒。
等轴晶系或斜方晶系。

| 成分: CoAsS | 硬度: 5.0~6.0 | 比重: 6.0~6.5 | 解理: 完全 | 断口: 贝壳状至参差状 |

黝铜矿

　　黝铜矿是一种硫盐矿物，含有银、铜、铁、锌等常见矿物元素，是重要的铜矿石矿物，同时也是重要的银矿石矿物。它的毒性很低。黝铜矿中的铜元素可被其他元素置换，且多到一定数量后，会变成另外一种矿物，如黑黝铜矿、银黝铜矿、砷黝铜矿等。

等轴晶系，
颜色呈钢灰色至黑色，
条痕为黑色或棕色至深红色

自然成因

　　黝铜矿主要产于中、低温的热液矿床和接触变质矿床中，常与黄铜矿、闪锌矿、方铅矿、毒砂等共生。被氧化后易分解为铜的次生矿物，如孔雀石、铜蓝等。

主要用途

　　黝铜矿可以用来提炼铜和银。

晶体通常呈
块状或粒状

特征鉴别

　　黝铜矿的断口呈黝黑色，性质较脆。随着砷含量的增加，它会向砷黝铜矿过渡。黝铜矿和砷黝铜矿的晶体外形、物理性质非常相似，必须用化学方法才能区别它们。

溶解度

　　黝铜矿溶于硝酸。

产地区域

● 世界主要产地有美国、智利等。
● 中国的一些多金属矿床也产黝铜矿。

具有金属光泽，不透明

成分：$Cu_{12}Sb_4S_{13}$	硬度：3.0~4.0	比重：4.6~5.1	解理：无	断口：参差状至亚贝壳状

车轮矿

　　车轮矿是一种硫盐矿物，含铅量 42.5%，还常含有铜、锑、铁、银、锌等其他微量矿物元素。其晶体颜色为钢灰色至黑色，常带烟褐锈色，条痕为暗灰色或黑色。

主要用途

车轮矿可用来提炼铅和铜。

自然成因

车轮矿的分布较广，主要在中、低温热液矿床中产生，但数量并不大，也常与黄铜矿、黝铜矿、闪锌矿、方铅矿、菱铁矿、石英和辉锑矿等共生。

斜方晶系，
晶体常呈短柱状和板状，
又常呈双晶状，形状如同车轮

集合体呈块状、粒状和致密块状

产地区域

● 世界著名产地有英国康沃尔、德国萨克森州的哈茨山等。
● 中国主要产地在湖南周边及内蒙古一带，以郴州瑶岗仙最为著名。

有金属光泽，
不透明

溶解度

车轮矿溶于硫酸。

特征鉴别

车轮矿熔点低，在木炭吹管焰下会熔成黑色小球。溶于硫酸后会生成淡蓝色的溶液。
在显微镜下，车轮矿的反射色为白色，在油中有淡淡的蓝灰色调。其外形似黝铜矿，但比黝铜矿的光泽更强。

| 成分：PbCuSbS₃ | 硬度：2.5~3.0 | 比重：5.7~5.9 | 解理：不完全 | 断口：半贝壳状或参差状 |

硫锑铅矿

硫锑铅矿属于单斜晶系，晶体通常呈块状、纤维状或羽毛状的集合体。其颜色呈铅灰色至铁黑色，条痕为灰黑色，微带棕色。

单斜晶系，
晶体通常呈长柱状

主要用途

大量聚积时可作为铅矿石利用。

溶解度

硫锑铅矿可溶于热强酸。

具有金属光泽

自然成因

硫锑铅矿主要产生于铅锌热液矿床和锡石硫化物矿床中，常与黄铁矿、方铅矿、闪锌矿等共生。

（特征鉴别）

硫锑铅矿加热后极易熔化，不会与冷稀酸发生反应。

不透明，性脆

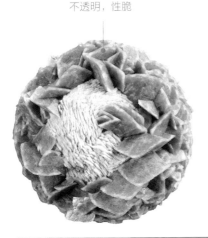

成分：$Pb_5Sb_4S_{11}$	硬度：2.5~3.0	比重：5.8~6.2	解理：良好	断口：参差状

深红银矿

深红银矿是银矿的一种，又称为硫锑银矿。其晶体呈各种形式的短柱状，集合体则呈致密块状或粒状。晶体的性质较脆，光照下颜色会变暗。

主要用途

深红银矿可用来提炼银。

三方晶系，
颜色多为黑红色、
深红色或暗灰色

产地区域

● 主要产地有美国内华达州的弗吉尼亚市，加拿大安大略省，西班牙的瓜达拉哈拉省，墨西哥的弗雷斯尼略、萨卡特卡斯和瓜纳华托，捷克，玻利维亚，秘鲁以及澳大利亚新南威尔士州布罗肯希尔等。

自然成因

深红银矿主要在中、低温铅锌矿床中产生，也可以在次生富集中形成，与银矿以及黄铁矿、方铅矿、白云石、方解石和石英等共生。

条痕为暗红色

溶解度

深红银矿可溶于硝酸。

有金刚光泽，半透明

（特征鉴别）

深红银矿易熔化。
它与淡红银矿很难区分，只能依据淡红银矿吹管试验加以区别。

成分：Ag_3SbS_3	硬度：2.0~2.5	比重：5.8~5.9	解理：完全	断口：贝壳状到参差状

淡红银矿

淡红银矿是银矿的一种，又称硫砷银矿。其晶体两端不对称，通常呈柱状、菱面体和偏三角面体。其颜色为鲜红色，但氧化后会逐渐变为暗黑色，条痕为砖红色，且在光照下颜色会变暗。

主要用途

淡红银矿是提炼银的主要矿物原料之一。人工晶体可作为激光材料。

六方晶系或等轴晶系，集合体常呈块状或致密状

自然成因

淡红银矿主要于低温热液矿脉中形成，常与黝铜矿、砷黝铜矿、方铅矿、石英、方解石等共生。

溶解度

淡红银矿可溶于硝酸。

具有金刚光泽到半金属光泽

半透明到不透明

产地区域

● 世界著名产地有墨西哥、玻利维亚、德国、智利等。
● 中国主要产地有辽宁、江西、青海、广东等。

特征鉴别

淡红银矿熔点低。
断口贝壳状至参差状，性脆。
以块状或致密状集合体产出。

成分：Ag_3AsS_3	硬度：2.0~2.5	比重：5.57~5.64	解理：平行菱面体	断口：贝壳状至参差状

软锰矿

软锰矿主要成分为二氧化锰，含锰量 63.19%，在自然界中较为常见。其晶体通常呈块状、肾状或土状，偶尔具有放射纤维状。有些会呈树枝状附于岩石表面，被称为假化石。软锰矿的光泽和硬度会因结晶的粗细和形态而产生变化，结晶好的会具有半金属光泽，硬度也较高；而隐晶质块体和粉末，光泽较为暗淡，硬度低，且极易污手。

斜方晶系，
集合体呈块状或粉末状

主要用途

软锰矿是重要的锰矿石，可用来提炼锰。可以与过氧化氢剧烈反应，起泡并释放出大量氧气。可以和盐酸缓慢生成氯气，溶液逐渐呈淡绿色。

颜色呈浅灰色到黑色，
条痕呈蓝黑色至黑色

具有半金属光泽

溶解度

软锰矿不溶于水、硝酸和冷硫酸，可缓慢溶于盐酸，同时释放出氯气，使溶液变为淡绿色。

（特征鉴别）

软锰矿容易污手，性质较脆。具有半金属光泽，颜色从浅灰到黑色。

自然成因 ———

软锰矿主要在沼泽、湖海等处由其他锰矿石沉积形成，通常与硬锰矿共生。

功用价值

软锰矿浆可吸收工业废气中的 SO_2，吸收率达 90% 以上。比传统方法产生的经济效益更好。

成分：MnO_2	硬度：2.0~6.5	比重：5.06	解理：完全	断口：参差状

尖晶石

等轴晶系，集合体通常呈玻璃状八面体或颗粒状和块体

尖晶石是一种由镁铝氧化物组成的矿物，同时还含有铁、锌、锰等其他矿物元素。因其含有多种元素，所以也有多种不同的颜色，如镁尖晶石颜色为红、绿、蓝、褐或无色；铁尖晶石则是黑色；锌尖晶石为暗绿色等。

主要用途
透明并且颜色鲜艳漂亮的尖晶石可以制作宝石，有些则可以用作含铁的磁性材料。

常呈八面体，也呈八面体与菱形十二面体、立方体的聚形

溶解度
尖晶石可溶于盐酸，但不会产生气泡。

自然成因
尖晶石主要在片岩、蛇纹岩、花岗伟晶岩和变质石灰岩等岩石中形成；也可在大理岩中产生，并与红宝石、蓝宝石等共生；而宝石级的尖晶石则通常出现在冲积扇中。

产地区域
● 主要产地有美国、越南、缅甸抹谷、斯里兰卡、肯尼亚、尼日利亚、坦桑尼亚、塔克吉斯坦和阿富汗等。

特征鉴别
尖晶石熔点高，具有荧光性。具有变色效应，少量有星光效应。

成分：$MgAl_2O_4$	硬度：7.5~8.0	比重：3.5~3.9	解理：无	断口：贝壳状至参差状

锌铁尖晶石

新鲜断面有金属光泽

锌铁尖晶石是一种含有锌、铁的尖晶石族矿物，也是尖晶石亚族的典型矿物。晶体主要呈八面体，棱线常呈圆形。常见颜色为蓝灰色，条痕为红棕色至黑色。

主要用途
锌铁尖晶石的晶体大、质优，可用作宝石，也可用作磨料。因其具有较高的熔点，也常用作耐火材料。

等轴晶系，集合体常呈圆粒状或块状

自然成因
锌铁尖晶石主要在侵入岩与白云岩或镁铁质灰岩的接触交代矿床中产生，常与红锌矿、硅锌矿、镁橄榄石、透辉石等共生。作为副矿物，也常在基性、超基性火成岩中产生。

溶解度
锌铁尖晶石可溶于盐酸，但不会产生气泡。

特征鉴别
锌铁尖晶石在加热后磁性会增强。

成分：（Zn，Mn）Fe_2O_4	硬度：6	比重：5.07~5.22	解理：无	断口：参差状至亚贝壳状

赤铜矿

赤铜矿是一种化学成分为氧化亚铜的矿物，含铜量 88.8% 以上，在自然界中分布较少，因此只作为次要的铜矿物利用。新鲜断面为洋红色，氧化后呈暗红色且光泽暗淡。赤铜矿的晶形常沿立方体棱的方向生长形成毛发状或交织成毛绒状，被称为毛赤铜矿。

主要用途

赤铜矿是提炼铜的重要矿物原料。
从赤铜矿床中开采的铜矿石，选矿后成为含铜量较高的铜精矿或铜矿砂。铜精矿冶炼提纯后，才能成为精铜及铜制品。

产地区域

● 世界主要产地有美国、法国、智利、玻利维亚、澳大利亚等。
● 中国主要产地有云南、江西、甘肃等。

自然成因

赤铜矿主要在铜矿床的氧化带中形成，常与蓝铜矿、自然铜、孔雀石、硅孔雀石、褐铁矿等共生。

条痕为棕红色

溶解度

赤铜矿溶于硝酸等酸性溶液。

等轴晶系，
晶体通常呈立方体、八面体，或与菱形十二面体形成聚形，
集合体则呈致密块状、粒状或土状

〔特征鉴别〕

赤铜矿易熔，燃烧时产生绿色的火焰。表面有时为铅灰色，刻痕为深浅不同的棕红色，带金刚光泽至半金属光泽。

具有金刚光泽
或半金属光泽

| 成分：Cu_2O | 硬度：3.5~4.0 | 比重：6.14 | 解理：无 | 断口：贝壳状至不规则状 |

铬铁矿

　　铬铁矿是尖晶石的一种，主要成分为铁、镁和铬，质地较为坚硬，是自然界中唯一可开采的铬矿石，属短缺矿种，因储量少，产量极低。具有微磁性，若含铁量高，则磁性较强。

主要用途

铬铁矿是提炼铬铁合金和金属铬的主要矿物原料，也可用于制造耐火材料，如铬砖。作为钢的添加料，可生产多种高强度、抗腐蚀、耐磨、耐高温、耐氧化的特种钢。

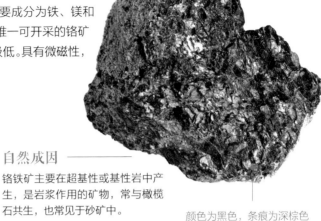

自然成因

铬铁矿主要在超基性或基性岩中产生，是岩浆作用的矿物，常与橄榄石共生，也常见于砂矿中。

颜色为黑色，条痕为深棕色

产地区域

● 世界主要产地有巴西、古巴、印度、伊朗、巴基斯坦、阿曼、津巴布韦、土耳其和南非等。
● 中国主要产地有四川、西藏、甘肃、青海等。

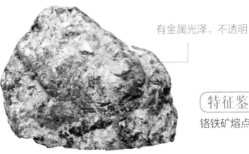

有金属光泽，不透明

（特征鉴别）

铬铁矿熔点高。

等轴晶系，
外形很像磁铁矿，
集合体通常呈块状或粒状

溶解度

铬铁矿不溶于任何酸性溶液。

成分：$FeCr_2O_4$	硬度：5.5~6.5	比重：4.3~4.8	解理：无	断口：参差状

磁铁矿

　　磁铁矿是一种氧化物类的矿物，含铁量72.4%，是自然界中最重要的铁矿石，也常伴有钛、钒、铬等矿物元素。其颜色通常呈铁黑色或暗蓝靛色，条痕为黑色。它具有超强磁性，接触空气被氧化后会变为赤铁矿或褐铁矿。

主要用途

磁铁矿可以提炼铁，同时也是传统的中药材。

集合体呈粒状或致密块状

等轴晶系，晶体通常呈八面体或菱形十二面体，晶面伴有条纹

自然成因

磁铁矿主要在岩浆岩、变质岩和高温热液矿床中产生，有时也产于海滨沙中。
主要成因类型有：岩浆型、接触交代型、高温热液型、区域变质型。

产地区域

● 世界主要产地有俄罗斯、澳大利亚、北美、巴西等。
● 中国主要产地有山东、河北、河南、辽宁、黑龙江、山西、江苏、安徽、湖北、四川、广东、内蒙古、云南等。

具有金属光泽或半金属光泽，不透明

特征鉴别

磁铁矿具有超强磁性，能够吸起铁屑，同时还能使指南针偏转。性脆。无臭无味。

成分：Fe_3O_4	硬度：5.5~6.5	比重：5.2	解理：无	断口：亚贝壳状至参差状

钛铁矿

钛铁矿是一种主要成分为铁和钛的氧化物矿物，又名钛磁铁矿。其颜色通常呈钢灰色至铁黑色，条痕则呈钢灰色至黑色，但当它被赤铁矿外包时，则会呈褐色或褐红色。钛铁矿具有弱磁性，性脆。

主要用途

钛铁矿是提炼钛的主要矿物原料，常应用于制造飞机机体及喷气发动机等重要零件，在化学工业上也有广泛应用，如制造反应器、热交换器、管道等。

产地区域

● 世界主要产地有俄罗斯伊尔门山、挪威克拉格勒、美国怀俄明州、加拿大魁北克等。
● 中国主要产地有四川攀枝花。

自然成因

钛铁矿一般产于超基性岩、基性岩、酸性岩、碱性岩、火成岩及变质岩中，常与斜长石、顽辉石等共生，也可形成砂矿。

三方晶系，
晶体通常呈板状

特征鉴别

钛铁矿溶于磷酸，稀释冷却后，再加入过氧化钠或过氧化氢，溶液会变成黄褐色或橙黄色。

具有金属至半金属光泽，不透明

集合体呈块状、不规则粒状、板状、鳞片状或片状

溶解度

钛铁矿溶于氢氟酸和热盐酸，并且还溶于磷酸。

| 成分：$FeTiO_3$ | 硬度：5.0~6.0 | 比重：4.7~4.78 | 解理：无 | 断口：贝壳状至参差状 |

赤铁矿

赤铁矿是一种自然产生的氧化铁矿物，在自然界中分布较广。其晶体的集合体形状多样，有片状、鳞片状、肾状、块状、土状或致密块状等。颜色呈红褐色、钢灰色至铁黑色。

主要用途

赤铁矿可以提炼铁，也可用作红色颜料。

自然成因 ————

赤铁矿主要在热液作用或沉积作用中形成。

六方晶系，晶体常呈板状或菱面体

产地区域

● 主要产地有中国、美国、俄国、巴西等。

颜色常带有淡蓝锖色，条痕为樱红色

（特征鉴别） ————

赤铁矿加热后具有磁性。

成分：Fe_2O_3	硬度：5.5~6.5	比重：4.9~5.3	解理：无	断口：参差状至贝壳状

刚 玉

刚玉是一种主要成分为氧化铝的矿物，硬度仅次于金刚石。因含有多种微量元素，它的颜色也十分丰富，红、黄、蓝、绿、青、紫、橙，几乎包含可见光谱中的所有颜色。除了星光效应外，只有半透明至透明，但色彩较为鲜艳的才能用作宝石。

无杂质的刚玉无色

主要用途

刚玉相比钻石，价格低廉，因此也可作为砂纸及研磨工具的主要材料。

自然成因 ————

刚玉的形成主要与岩浆作用、接触变质及区域变质作用有关。

（特征鉴别）

刚玉硬度强，熔点较高，在紫外线照射下会发出荧光。

属三方晶系，通常呈六方柱状或桶状，柱面上常有斜条纹或横纹，集合体呈粒状

产地区域

● 主要产地有中国、缅甸、泰国、斯里兰卡、澳大利亚、柬埔寨拜林及克什米尔地区等。

成分：Al_2O_3	硬度：9.0	比重：4.0~4.1	解理：无	断口：贝壳状至参差状

锡石

锡石是一种十分常见的锡矿物，含锡量78.6%。其晶体常呈粒状或块状的集合体，膝状双晶比较常见。当其含有杂质时会呈黄棕色至棕黑色，条痕为白色至浅褐色。由胶体溶液形成的呈纤维状的锡石称为木锡石，同时呈葡萄状或钟乳状，具有同心带状构造。

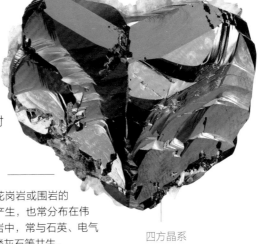

四方晶系

主要用途

锡石是提炼锡的主要矿物原料，在工业方面也有广泛应用，如制造锡管、锡箔、白口铁、合金和电镀锌机件等，其氧化物也可用于制作染料、玻璃、瓷器和搪瓷等。

自然成因 ———

锡石主要在花岗岩或围岩的热液矿脉中产生，也常分布在伟晶岩和花岗岩中，常与石英、电气石、萤石、磷灰石等共生。

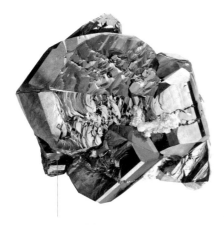

有金刚至亚金刚光泽，断口有油脂光泽，不透明至透明

晶体呈柱状或双锥状，集合体呈粒状或块状

产地区域

● 世界主要产地有俄罗斯、马来西亚、印度尼西亚、玻利维亚和泰国等。
● 中国主要产地有云南、广西等。

（特征鉴别）———

锡石熔点低，耐腐蚀，无磁性，若含铁量较多则具有电磁性。

| 成分：SnO_2 | 硬度：6.0~7.0 | 比重：7.0 | 解理：不完全 | 断口：亚贝壳状至参差状 |

蓝宝石

　　蓝宝石也是一种刚玉，主要成分是氧化铝，也含有铁和钛等微量元素，可用作宝石。刚玉宝石中除红宝石外，其他颜色的刚玉宝石都被称为蓝宝石或彩蓝宝石。颜色多样，在同一颗宝石上也会有多种颜色。同时可见平行六方柱面排列且深浅不同的平直色带和生长纹。聚片双晶发育，通常带有百叶窗式双晶纹。

主要用途

蓝宝石可作宝石，主要用来制作首饰及收藏。

自然成因

蓝宝石主要在岩浆岩和变质岩中形成，偶尔也会出现在沉积冲击矿床中。

三方晶系，
晶体常呈柱状、桶状，少数呈板状或叶片状，
集合体通常呈粒状或致密块状

颜色有黄色、绿色、白色、粉红色、紫色、灰色等

产地区域

● 世界主要产地有泰国、老挝、柬埔寨、斯里兰卡、马达加斯加，最稀有的蓝宝石产地为克什米尔地区，出产上等蓝宝石最多的是缅甸。
● 中国主要产地有山东昌乐、海南、重庆江津的石笋山等。

具有明亮的玻璃光泽，透明至半透明

溶解度

蓝宝石不溶于任何酸性溶液。

（ 特征鉴别 ）

蓝宝石放大看时，没有气泡。
除钻石以外，蓝宝石的硬度强于其他任何天然材料。

| 成分：Al_2O_3 | 硬度：9.0 | 比重：4.0~4.1 | 解理：无 | 断口：贝壳状至参差状 |

红宝石

具有亮玻璃光泽至亚金刚光泽

红宝石是一种颜色呈红色的刚玉，也是刚玉的一种，主要的成分是氧化铝。红宝石含有微量的铬，铬含量越高，颜色越红，其中最红的俗称"鸽血红"，也称"宝石之王"。因产量非常稀少，所以十分珍贵。

主要用途

红宝石可作宝石，主要用来制作首饰及收藏。

产地区域

● 主要产地有缅甸、泰国、斯里兰卡、坦桑尼亚、越南、中国等。

三方晶系，
晶体多呈柱状或板状，
集合体呈粒状或致密块状

自然成因

红宝石主要在火成岩或变质岩矿床中形成。

特征鉴别

红宝石在紫外线下会产生弱红色荧光，裂纹也较发散；具有二色性，可以从不同的角度看到颜色变化；放大检查时，红宝石内气液和固态包体丰富。

成分：Al_2O_3	硬度：9.0	比重：4.0~4.1	解理：无	断口：贝壳状至参差状

钙钛矿

斜方、等轴、三方、单斜、正方和三斜晶系，通常呈立方体或八面体

钙钛矿是一种自然产生的氧化物，最早发现的是存在于钙钛矿石中的钛酸钙化合物，因此而得名。晶体多呈立方体，晶面具有平行晶棱的条纹，是高温变体转变为低温变体时产生聚片双晶的结果。

颜色呈褐色至灰黑色，条痕为白色全灰黄色

自然成因

钙钛矿主要在碱性岩中产生，偶尔也会出现在蚀变的辉石岩中，常与钛磁铁矿共生。

主要用途

钙钛矿主要用来提炼钛、铌和稀土元素，但在大量聚集时才具有开采价值。钙钛矿也可应用在传感器、固体燃料电池、固体电解质、固体电阻器、高温加热材料及替代贵金属的氧化还原催化剂等。

溶解度

钙钛矿只溶于热硫酸。

成分：$CaTiO_3$	硬度：5.5~6.0	比重：3.97~4.04	解理：不完全	断口：亚贝壳状至参差状

金红石

金红石是一种含有大量二氧化钛的矿物，含量达 95% 以上，但在自然界中的储量较少。其颜色呈暗红色、褐红色、黄色或橘黄色等；若含有大量的铁，则会呈黑色。条痕呈浅棕色至浅黄色。具有耐高温及低温、耐腐蚀、高强度、小比重等优异性能。

主要用途

金红石是提炼钛的主要矿物原料。

正方晶系，
晶体通常呈四方柱状或针状，
集合体呈粒状或致密块状

自然成因

金红石主要在变质岩系的石英脉和伟晶岩脉中形成，偶尔会作为副矿物在岩浆岩中出现，在片麻岩中也常以粒状出现。由于其化学稳定性较强，在岩石风化后也常转入砂矿。

溶解度

金红石溶于热磷酸。

透明至不透明

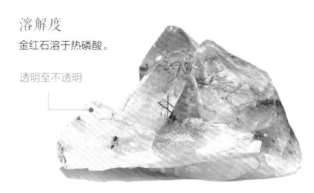

具有半金属光泽至金属光泽

产地区域

● 世界主要产地有法国、美国、俄罗斯、瑞典、挪威、瑞士、奥地利、澳大利亚等。
● 中国主要产地有河南方城、湖北枣阳等。

(特征鉴别)

金红石能耐低、高温，耐腐蚀；溶于热磷酸，冷却稀释后加入过氧化钠会使溶液变成黄色；当加入碳酸钠时，可以烧熔。

| 成分：TiO_2 | 硬度：6.0 | 比重：4.2~4.3 | 解理：清楚 | 断口：贝壳状至参差状 |

晶质铀矿

晶质铀矿是自然产生的氧化物的一种，具有萤石型结构。其晶体外形呈肾状、葡萄状、钟乳状或致密块状的称为沥青铀矿；呈晶质土状和粉末状的称为铀黑。晶质铀矿具有强放射性和弱电磁性，化学成分中含有少量的铅、镭和氦。薄片不透明，光片呈灰色，带有褐色色调。

主要用途

晶质铀矿是提炼铀的主要矿物原料，与镭、钍、稀土元素等可综合利用。其在医药、能源及现代国防方面都有重要应用。

自然成因

晶质铀矿主要在高温热液矿脉中形成，在花岗伟晶岩和正长伟晶岩中产生，常与方钍石、独居石、铀钍和铌铁矿等伴生，偶尔见于含金砾岩的胶结物中。

等轴晶系，
晶体通常呈立方体、八面体或菱形十二面体，
集合体则呈细粒状、块状或土状

颜色为黑色，
条痕为褐黑色

具有半金属光泽至
树脂光泽，不透明

特征鉴别

根据立方体晶体，黑色，比重较大和强放射性来同其他矿物区别。

产地区域

● 世界主要产地有加拿大、澳大利亚、美国、南非、俄罗斯、巴西、纳米比亚、尼日尔和哈萨克斯坦等。
● 中国主要产地有南岭地区、秦岭地区、燕辽地区、天山地区、滇西地区等。

溶解度

晶质铀矿可溶于盐酸和硝酸。

成分：UO_2	硬度：5.0~6.0	比重：6.5~10.0	解理：无	断口：贝壳状至参差状

沥青铀矿

沥青铀矿是晶质铀矿的变种，又称为非晶质铀矿或铀沥青，常含有铅，微含钍、钋、稀土元素或极少的镭。具有一定的放射性。

主要用途

沥青铀矿是提取铀的主要矿物原料。

自然成因

沥青铀矿主要在中、低温热液矿床和沉积岩矿床中形成。

等轴晶系，晶体常呈肾状、葡萄状、钟乳状、鲕状或致密块状的集合体

颜色呈沥青黑色，条痕为黑色

溶解度

沥青铀矿可快速溶于盐酸和硝酸。

产地区域

● 主要产地有刚果加丹加地区，德国萨克森的埃尔茨山，加拿大的火熊湖、安大略省的布林德河地区，美国科罗拉多州、犹他州、新墨西哥州的高原地区，南非的威特沃特斯兰德等。

具有树脂光泽或半金属光泽

特征鉴别

沥青铀矿在紫外线照射下不发荧光。放入盐酸和硝酸中会产生气泡，也可缓慢溶于硫酸，产生少量气泡及白色胶状物。

| 成分：UO_2 | 硬度：3~5.5 | 比重：6.5~10.0 | 解理：不清楚 | 断口：贝壳状至参差状 |

玉 髓

玉髓，又称"石髓"，属于变种的石英，是最古老的玉石品种之一，偶尔含有铁、钛、铝、钒、锰等元素。实质上玉髓也是一种隐晶质晶体，即二氧化硅，与玛瑙属于同一种矿物。

主要用途

玉髓的色彩丰富且质地通透，常用来制作首饰，如手链、项链和吊坠等，若品质上佳，则多用于高档的珠宝镶嵌，或是订制时装的高级纽扣。也常作为高档工艺品的原材料用于雕刻创作。

自然成因

玉髓主要在低温和低压的条件下形成，如热液矿脉、温泉沉积物、喷出岩的空洞、碎屑沉积物及风化壳中。

颜色通常呈透明至白色，偶有颜色鲜亮、质地通透的品种，如红、蓝、绿等玉髓

产地区域

● 主要产地有巴西、马达加斯加、乌拉圭、印尼及中国台湾等。

晶体常呈乳状或钟乳状，集合体呈致密块状、球粒状、纤维状、放射状等

具有蜡质光泽

特征鉴别

玉髓的比重比较大，少量品种有晕彩和猫眼效应。
玉髓与玛瑙是同一种矿物，虽有一些区别，但本质上都是隐晶石英，即二氧化硅。
玉髓与玛瑙最大的区别在于：玉髓通透如冰，好的玉髓其通透性可比拟翡翠玻璃种。

成分：SiO_2	硬度：7.0	比重：2.65	解理：无	断口：贝壳状

蛋白石

　　蛋白石，又名闪山云、欧泊、澳宝，是一种天然硬化的二氧化硅胶凝体，含有 5%~10% 的水分。与其他宝石不同，它属于非晶质矿物。质地坚硬，可与和田玉相媲美。除乳白色外，因常含有铁、钙、铜、镁等矿物元素，呈多种色彩，如红色、蓝色、黄色、绿色、黑色、浅黄色、橘红色、墨绿色等。同时具有变彩效应。

主要用途

经打磨而成的蛋白石精品会产生猫眼光感，常用来制作戒指和配件，也可作雕刻材料。

晶体通常呈致密块状、土状、粒状、结核状、钟乳状、多孔状等，集合体呈葡萄状或钟乳状

具有玻璃光泽、蜡状光泽或油脂光泽，透明至微透明

自然成因 ———

蛋白石主要是在低温并富含硅质的水中慢慢沉积产生，它几乎可以在所有岩石中形成，通常能在石灰岩、砂岩和玄武岩中被发现。

溶解度

蛋白石不溶于任何酸性物质。

产地区域

● 澳大利亚是世界上出产蛋白石最多的国家，美国、捷克、巴西、墨西哥、南非及中国均有产出。

（特征鉴别）———

蛋白石具有荧光性。加热后会分解，并会随着水分子脱离而变成石英。

颜色一般为乳白色

成分：$SiO_2 \cdot nH_2O$	硬度：5.0~5.5	比重：1.9~2.5	解理：无	断口：贝壳状

紫水晶

紫水晶是一种成分为二氧化硅的天然矿物，在自然界中的分布也较为广泛。因含有铁、锰等矿物元素而产生各种漂亮的紫色，以深紫红和大红最佳。天然产生的晶体内也通常会有天然的冰裂纹或是白色云雾状的杂质。紫水晶还具有二向色性，从不同角度观看会显示出红色或蓝色的紫色调。具有玻璃光泽。

三方晶系，天然产生的晶体内通常会有天然的冰裂纹或是白色云雾状的杂质

主要用途
紫水晶色彩鲜艳，质地通透，常用来制作手链、吊坠等首饰。

颜色多呈淡紫、紫红、深紫、深红、大红、蓝紫等

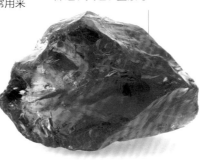

产地区域
● 主要产地有韩国、俄罗斯、南非、马达加斯加、赞比亚、巴西米纳斯吉拉斯、美国阿肯色州、缅甸等。

自然成因
紫水晶能在任何地质环境中形成，但可作宝石的紫水晶只在火山岩、石灰岩、伟晶岩或页岩的晶洞中产生。

特征鉴别
将紫水晶置于火焰上，晶体易碎裂。

成分：SiO₂	硬度：7.0	比重：2.22~2.65	解理：无	断口：贝壳状

烟水晶

烟水晶是一种主要成分为二氧化硅的矿物，同时也是一种比较珍贵的水晶，又称烟晶、茶晶或茶水晶。颜色有烟黄色、褐色、黑色。烟水晶属于一种固溶胶，也常含有辐射物质。在我国，烟黄色、褐色水晶亦称茶晶；黑色水晶称墨晶。烟水晶的颜色是因其含有极微量的放射性元素镭导致的。

晶体呈六棱粒状上端会有晶尖，通常为晶簇聚生或有单晶体

颜色多呈烟灰色、烟黄色、褐色、黄褐色、黑色等

主要用途
烟水晶常用来制作首饰。

产地区域
● 世界主要产地有美国、瑞士、巴西、西班牙，以及非洲等。
● 中国是盛产水晶的大国，主要产地有江苏、云南及西藏。

自然成因
烟水晶的形成是因为原生矿床周围岩块中（主要成分为石英）含有镭放射物质。

溶解度
烟水晶除溶于氢氟酸外，不能溶于其他物质。

成分：SiO₂	硬度：7.0	比重：2.22~2.65	解理：无	断口：贝壳状

水晶

若含其他微量元素，颜色则多呈粉色、紫色、茶色、黄色、灰色等，条痕为无色

水晶是一种主要成分为二氧化硅的稀有矿物，是石英结晶体，属于贵重矿石的一种。含有伴生包裹体矿物的水晶称为包裹体水晶，如发晶、钛晶、红兔毛和绿幽灵等，内包物为电气石、金红石、阳起石、绿泥石和云母等。

主要用途

水晶常作宝石，用来制作首饰或收藏，因内部有多种矿物包裹体，也常作水晶观赏石。无色、无缺陷且不具双晶的水晶在工业上也多用作压电石英片。

自然成因

水晶能在各种地质环境中自然形成，内生矿物有热液型、伟晶岩型和矽卡岩型；外生矿床常见于砂矿。

产地区域

● 水晶在世界各地均有产出，主要产地有德国、俄罗斯、巴西、缅甸、阿富汗、赞比亚、马达加斯加等。

● 在中国的分布也较为广泛，25 个以上的省区均有产出。

三方晶系，晶体通常呈六棱柱状，集合体呈块状或粒状
无杂质的水晶是无色透明的

溶解度

水晶不溶于水；常温下仅溶于氢氟酸，不溶于其他各类酸和碱性溶液；高温下溶于碳酸钠溶液。

具有玻璃光泽，断口为树脂光泽，透明至半透明

特征鉴别

水晶具有压电效应，不易熔化，将水晶置于火焰上，晶体易碎裂。

| 成分：SiO_2 | 硬度：7.0 | 比重：2.22~2.65 | 解理：无 | 断口：贝壳状 |

发 晶

发晶是一种晶体内含有不同针状矿石的天然水晶，常含有金红石、阳起石、黑色电气石等。天然发晶晶体内部的发丝通常为平直丝状，细小者呈弯曲状，整体呈放射状、束状或无规则分布。

主要用途
发晶晶体内有排列疏密有致的针状和发状包体，璀璨华丽，可作观赏石。

三方晶系，当发晶中含金红石，则会形成钛晶、银发晶、红发晶、黄发晶

自然成因 ——
发晶主要是由水晶在液体状态时与其他矿物质结合而形成的。

产地区域
● 世界主要产地在巴西。
● 中国主要产地在江苏东海县。

含有黑色电气石的会形成黑发晶，含有阳起石的会形成绿发晶

（特征鉴别）——
将发晶置于火焰上，晶体易碎裂。

| 成分：SiO₂ | 硬度：7.0 | 比重：2.22~2.65 | 解理：无 | 断口：贝壳状 |

水晶晶簇

水晶晶簇就是天然的石英结晶簇，集合体是由矿物单晶体组成的，通常只有一端生长得很完美。晶体为几何型多面体，生长形态多样，晶莹剔透，外形奇特，质地坚硬，物理和化学性质稳定。

主要用途
水晶晶簇多无需加工，状态天然者，具有观赏和收藏价值。

呈六方柱状、六方双锥状或菱面状的聚形

自然成因 ——
水晶晶簇主要在岩浆岩、沉积岩和变质岩中二氧化硅聚集处形成。

通常呈几何型多面体

（特征鉴别）——
将水晶晶簇置于火焰上，晶体易碎裂。

| 成分：SiO₂ | 硬度：7.0 | 比重：2.56~2.66 | 解理：无 | 断口：参差状 |

红锌矿

红锌矿是一种根据其成分和颜色命名的锌矿，晶体完好、颜色美丽的锌矿可作宝石。也常有锰、铅、铁等类质同象混入物可替代锌，对应的变种有锰红锌矿、铅红锌矿和铁红锌矿。红锌矿较脆。

六方晶系，
晶体呈致密块状的集合体

自然成因

红锌矿主要在接触变质岩中产生，分布较少，常有锌铁尖晶石、硅锌矿共生。

主要用途

红锌矿是提炼锌的主要矿物原料，还可制造锌酚和氧化锌、氯化锌、硫酸锌、硝酸锌等；近年也常用作表面弹性波器件；在太阳能电池、气敏传感器、压电换能器、光电显示和光住在器件以及光波导等领域也有广泛应用。

产地区域

● 主要产地有美国新泽西州富兰克林、波兰的奥尔库什及意大利的托斯加纳等。

溶解度

红锌矿溶于盐酸。

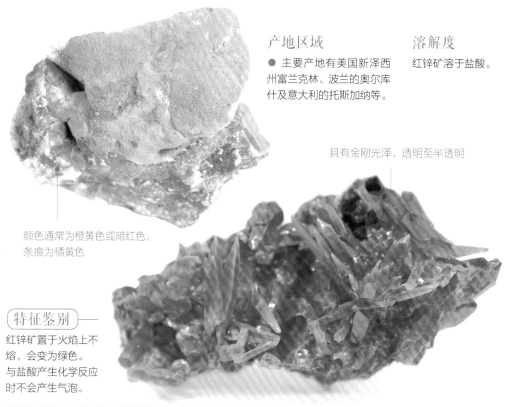

具有金刚光泽，透明至半透明

颜色通常为橙黄色或暗红色，
条痕为橘黄色

（特征鉴别）—

红锌矿置于火焰上不熔，会变为绿色。与盐酸产生化学反应时不会产生气泡。

| 成分：ZnO | 硬度：4.0~4.5 | 比重：5.64~5.68 | 解理：完全 | 断口：贝壳状 |

镜铁矿

颜色通常为红棕色，也呈铁黑至钢灰色，条痕为红色

镜铁矿是变种的赤铁矿，是天然的氧化物矿物，因晶面光泽度强，明亮闪烁如镜，故此得名。它也是一种重要的铁矿石，磁性较弱。矿物多以带状构造为主，其次还有斑点构造、片状构造及块状构造。

主要用途

镜铁矿是提炼铁的主要矿物原料。

三方晶系，集合体呈片状

自然成因

镜铁矿在任何地质环境中都可形成，但主要产生于热液作用、沉积作用及沉积变质作用的矿床中。

特征鉴别

镜铁矿具有磁性，不发光。铁黑至钢灰色，但晶面光泽度强。

产地区域

● 世界著名产地有意大利、瑞士、巴西、英国等。
● 中国主要产地有湖南宁乡、河北宣化、辽宁鞍山等。

成分：Fe_2O_3	硬度：5.5~6.0	比重：5.0~5.3	解理：无	断口：贝壳状

铌钽铁矿

斜方晶系，晶体主要呈粒状、块状、晶簇状或放射状

铌钽铁矿是一种氧化物矿物，颜色通常呈铁黑色至褐黑色，条痕为暗红色至黑色。具有半金属至金属光泽，较脆。

主要用途

铌钽铁矿是提炼铌和钽的主要矿物原料，可用于生产军工和尖端技术方面所需的特种合金钢。

产地区域

● 中国主要产地有广东、广西、湖南、江西、内蒙古、新疆等。

集合体呈块状、晶簇状和放射状

自然成因

铌钽铁矿主要在花岗伟晶岩，及云英岩化或钠长石化花岗岩中形成，常与石英、白云母、锂云母、长石、绿柱石、锆石、锡石、钍石、独居石、细晶石、黄玉、黑钨矿等共生。

特征鉴别

铌钽铁矿的密度较大，性脆，具有电磁性。

成分：（Fe，Mn）（Nb，Ta）$_2O_6$	硬度：4.2~7.0	比重：5.37~8.17	解理：不完全	断口：参差状至次贝壳状

贵蛋白石

颜色通常为蛋白色，含有其他矿物元素时，会有多种色彩，如红色、橙红、蓝色、绿色、棕色、灰色、黑色等

贵蛋白石，是蛋白石中具有变彩效应的一种。一般含水量为 3%~10%，偶尔高达 20%，含水量并不固定。有各种体色，白色体色称"白蛋白"；黑、深灰、蓝、绿、棕色体色称"黑蛋白"；橙、橙红、红色体色称"火蛋白"。

主要用途

贵蛋白石是自然界中最美丽和最珍贵的宝石之一，常用作首饰及收藏。

产地区域

● 主要产地有澳大利亚、巴西、墨西哥、埃塞俄比亚等。

溶解度

贵蛋白石不溶于任何酸性溶液。

具有玻璃光泽至树脂光泽

自然成因 ——

贵蛋白石可以在任何岩石中形成，但主要形成于低温条件下的沉积岩中，常见于砂岩、石灰岩和玄武岩中。

（特征鉴别）

贵蛋白石在放大检查时色斑会呈不规则片状，边界平坦且较模糊，外观呈丝绢状。
具有特殊光学效应，如变彩效应，但猫眼效应较为稀少。
有玻璃至树脂光泽。

成分：$SiO_2 \cdot nH_2O$	硬度：5.0~6.0	比重：1.9~2.5	解理：无	断口：贝壳状

火蛋白石

火蛋白石是贵蛋白石中的一种，颜色通常呈橙红色、橙黄色和红色。质地几乎为全透明，品质不佳的会带有杂质。

颜色通常呈橙红色、橙黄色和红色

主要用途

火蛋白石若透明度较好，具有收藏价值。

自然成因 ——

火蛋白石主要在低温、富含硅质的水中形成。

产地区域

主要产地有巴西、墨西哥等。

颗粒较大，颜色鲜艳明丽

（特征鉴别）

火蛋白石的密度较小，质感较轻。

成分：$SiO_2 \cdot nH_2O$	硬度：5.0~6.5	比重：1.9~2.5	解理：无	断口：贝壳状

石英

石英是一种主要成分为二氧化硅的矿物，又称硅石，分布较为广泛。无杂质的石英无色透明，但通常会含有各种不同的微量元素，因此颜色多样。石英具有压电性。

主要用途

石英是重要的工业矿物原料，广泛用于铸造、冶金、建筑、化工、航空航天等领域；还可作为宝石加工成各种首饰和工艺品。

自然成因 ————

石英主要是在岩浆侵入演化活动中，因温度、压力等条件的改变而形成的脉状石英岩矿体。

纯净的石英是无色的，
含有杂质则会呈白色、灰色、黄色、紫色、粉色、褐色、黑色等

产地区域

● 中国主要产地有广东、广西、青海、福建、云南、四川、黑龙江等。

具有玻璃光泽，断口呈油脂光泽，透明至半透明

三方晶系或六方晶系，条痕呈白色

结构特性

石英是硬度仅次于钻石的天然矿产，其硬度远大于刀等利器，不会被刮花。天然的石英结晶熔点高达 1750℃，是典型的耐火材料。

(特征鉴别) ————

石英具有热电性，耐高温，同时具有压电性；用力敲击摩擦会产生火花。

| 成分：SiO_2 | 硬度：7.0 | 比重：2.65~2.66 | 解理：无 | 断口：贝壳状至参差状 |

脉石英

　　脉石英是石英的集合体，常呈乳白、灰白或白色，呈致密块状。其熔点高，耐酸碱性好，导热性差，化学性能稳定。它常与水晶共生，矿体多呈脉状、鸡窝状。

—— 条痕为白色

具有油脂光泽或玻璃光泽

主要用途

脉石英是生产石英砂的主要矿物原料，也广泛应用于铸造、冶金、建筑、化工、机械、电子、航空航天等工业。

自然成因 ————

脉石英主要于变质岩、榴辉岩的构造裂隙或两者接触带内形成。

溶解度

脉石英溶于氢氟酸。

成分：SiO_2	硬度：7.0	比重：2.65	解理：无	断口：贝壳状至参差状

乳石英

　　乳石英属于石英的一种，主要成分是二氧化硅，由于含有细小分散的气态或液态包裹体而呈现出乳白色或奶油色。产状通常为六方体带金字塔形末端的棱柱形，因外形与蛋白石相似，容易混淆。

三方晶系，晶体通常呈粒状和块状

颜色呈乳白色或奶油色

主要用途

用于玻璃行业制造各种玻璃。

产地区域

● 主要产地有美国、巴西、俄罗斯、马达加斯加、纳米比亚以及欧洲的阿尔卑斯山等。

自然成因 ————

乳石英主要在石英脉和石英岩中形成。

溶解度

乳石英只溶于氢氟酸。

成分：SiO_2	硬度：7.0	比重：2.65	解理：无	断口：贝壳状至参差状

虎眼石

　　虎眼石属于石英的一种，因形态和颜色与老虎眼睛相似，故又称为虎睛石。它是由地壳里的蓝石棉或青石棉在被二氧化硅胶凝体激烈交代和胶结后形成的。颜色通常为褐黄色、红褐色、蓝色等，以无杂质、质地均匀、颜色相间为最佳。

主要用途
虎眼石可作宝石，属于世界五大珍贵高档宝石之一。

晶质集合体，质地细腻坚硬，呈微细纤维状结构

产地区域
● 世界主要产地有南非德兰士瓦省、印度、巴西、斯里兰卡、澳大利亚、纳米比亚等。
● 中国主要产地有河南淅川。

自然成因
虎眼石主要是在气成热液型矿床和伟晶岩岩脉中形成。
虎眼石和水晶、玛瑙等有一定的亲缘关系，由于地壳里的蓝石棉或青石棉被二氧化硅胶凝体激烈交代和胶结，导致其呈棕、褐、黄等色，具有丝绢光泽和玻璃光泽，属于致密坚挺的石英质玉石。

具有多色性

有丝绢光泽和玻璃光泽，不透明

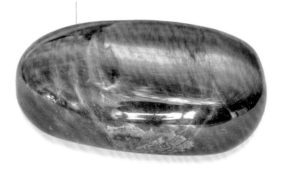

（特征鉴别）
虎眼石在微热加工后会变成红色，具有猫眼效应。
对着灯光看，会有些细小横纹或纤维状物质。
天然水晶的温度一般都比较低，握在手中有冰凉的感觉。
表面无瑕疵，眼线清晰且位于正中的是上品。
虎眼石与猫眼石较相像，区别在于虎眼石的色泽更为霸气华丽。

| 成分：SiO₂ | 硬度：7.0 | 比重：2.65 | 解理：无 | 断口：贝壳状至参差状 |

玛瑙

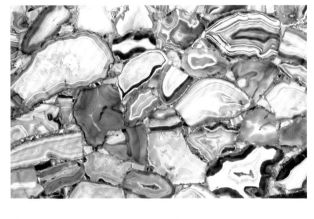

玛瑙，又称码磂、马瑙、马脑，是一种玉髓类的矿物，主要成分为二氧化硅。通常为混有蛋白石和隐晶质石英的纹带状块体。种类较多，根据图案和杂质可分为缟玛瑙、苔玛瑙、缠丝玛瑙、城堡玛瑙等。

主要用途

玛瑙常用作饰品和观赏物。

自然成因 ———

玛瑙是由二氧化硅溶液凝结成的硅胶结晶而成。

产地区域

● 世界主要产地有美国、印度、巴西、埃及、澳大利亚、墨西哥、马达加斯加，以及纳米比亚等。

● 中国主要产地有黑龙江、辽宁、宁夏、河北、新疆、内蒙古、云南等。

颜色通常为红色、黄色、绿色、蓝色、白色、褐色及灰色等，条痕为白色

具有玻璃光泽或蜡状光泽，透明、半透明或不透明

三方晶系

特征鉴别

玛瑙体轻、质脆、易碎，断面可见贝壳状的以受力点为圆心的同心圆波纹。

棱角锋利，能刻划玻璃并留下划痕。

能迅速摩擦，不易生热。

通常呈致密块状，形成葡萄状、乳房状、结核状等各种构造，同心圆构造最为常见。

成分：SiO₂	硬度：6.5~7.0	比重：2.65	解理：无	断口：贝壳状

水胆水晶

水胆水晶是一种在形成过程中气体、液体或石墨微粒瞬间进入其中的水晶，晶体内部的气泡能在液体中流动，因晶体内蕴含水滴且似动物的胆囊而得名。水胆水晶是高温水晶，同时也是水晶中的珍品。

主要用途

水胆水晶常作为观赏物。

通常呈六方锥体

集合体呈粒状或块状

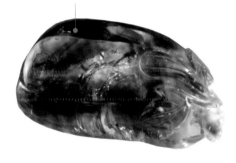

自然成因

水胆水晶主要形成于地底和岩洞中富含二氧化硅的地下水中。

产地区域

● 世界主要产地有巴西、美国、俄罗斯、马达加斯加、赞比亚和印度等。
● 中国主要有云南、河南、辽宁、内蒙古、新疆等。

特征鉴别

将水胆水晶置于烈焰上加热，晶体易碎裂。

| 成分：SiO_2 | 硬度：7.0 | 比重：2.22~2.65 | 解理：无 | 断口：贝壳状 |

锑 华

锑华是一种含锑的矿物，由辉锑矿经过千万年氧化后形成，俗称锑白，含锑量83.3%，可作为锑矿物使用。其晶体通常呈柱状或板状，柱面带有纵纹，性质较脆。

主要用途

锑华可以提炼锑，也可用来制作颜料，还可药用。

产地区域

● 中国是世界上产锑的主要国家之一，主要产地有湖南、贵州、广西、广东、云南等。

斜方晶系，集合体呈柱状、片状或羽毛状

颜色常呈白色和黄色，条痕为白色

自然成因

锑华主要存中，低温热液的矿床中形成，常与辰砂、雄黄和雌黄共生。

溶解度

锑华溶于盐酸和强碱，不溶于水。

| 成分：Sb_2O_3 | 硬度：2.5~3.0 | 比重：4.6 | 解理：完全 | 断口：贝壳状 |

压电石英

　　压电石英是变种的石英，又称为压电水晶，在单晶体中极具代表性，同时也是应用最广的压电水晶。它没有热释电效应，不具有铁电性，具有压电效应。具有工业价值的压电石英，通常要求无色透明、不含杂质、无裂隙，同时还要满足一定几何尺寸要求。

晶体通常无色透明

主要用途

压电石英一般可以用来制作石英钟、谐振器、振荡器、高频振荡器、滤波器等的压电石英片，也广泛应用于自动武器、电子显微镜、电子计算机、计时仪、超音速飞机、导弹、核武器、人造地球卫星等的导航、遥控、遥测、电子等电动设备中。

不含任何杂质，没有一丝裂缝，且不具双晶为最佳

溶解度

压电石英只溶于氢氟酸。

自然成因

压电石英主要在岩浆岩、变质岩和沉积岩中形成。

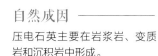

若含有其他微量元素，则会呈紫色、黄色、茶色、浅红、浅绿、烟色等

（ 特征鉴别 ）

压电系数和介电系数的温度性较好，常温下非常稳定。无热释电性，绝缘性好。

| 成分：SiO₂ | 硬度：7.0 | 比重：2.65 | 解理：无 | 断口：贝壳状至参差状 |

蔷薇石英

　　蔷薇石英属于石英的一种，主要成分是二氧化硅，因含有微量的锰和钛而呈现漂亮的粉红色，故又称粉晶、玫瑰水晶、芙蓉石。它含有细针状金红石包裹体，抛光面常呈现出星状光芒，质地匀润，半透明者，可以磨出很清晰的六射星光。

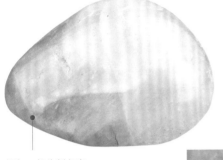

透明至半透明

自然成因
蔷薇石英主要在岩浆岩、沉积岩和变质岩中产生。

溶解度
蔷薇石英只溶于氢氟酸。

颜色一般为粉红色，
通常以颜色浓艳、质地纯净、水头足、无棉绺者为最佳

主要用途
蔷薇石英可用来制作首饰，如项链、手镯、戒指等；还可用来雕琢，制成各种精美的工艺品。由其制成的工艺品，粉红色愈深愈好，透明、无裂纹、无杂质才可列入优质。

具有油脂光泽

产地区域
● 世界主要产地有巴西和斯里兰卡。
● 中国主要产地有新疆和云南等。

（ 特征鉴别 ）
蔷薇石英在切磨后会产生猫眼或星光效应。
颜色很特别，粉紫色。
优质的蔷薇石英色深美观，完全透明。

| 成分：SiO_2 | 硬度：7.0 | 比重：2.65 | 解理：无 | 断口：贝壳状 |

假蓝宝石

假蓝宝石是一种天然稀有的矿物及宝石，又称似蓝宝石，并非字面意思上各种仿蓝宝石的总称。假蓝宝石与刚玉中的蓝色变种（蓝宝石）较为相似，也在相似的环境中产出，但要稀少得多，相比蓝宝石，假蓝宝石常呈二轴晶，没有聚片双晶。

单斜晶系，
晶体呈板状，
集合体呈粒状

主要用途

假蓝宝石若晶体透明、颜色鲜艳、无裂纹及其他缺陷，质地上佳的可用来加工刻面型宝石，质地不佳的也可用来加工成弧面型宝石。

自然成因

假蓝宝石比较少见，主要在富铝贫硅的区域变质和接触变质岩石中形成，与刚玉、尖晶石、矽线石、堇青石、斜方辉石、黑云母、直闪石或钠柱晶石等共生。

产地区域

● 主要产地有泰国、斯里兰卡、印度、南非、马达加斯加、格陵兰等。

颜色多为深蓝色
或深绿色

溶解度

假蓝宝石不溶于任何酸性物质。

具有玻璃光泽，透明

（特征鉴别）

假蓝宝石晶体色艳、透明、无裂纹及其他缺陷，粒径较大者为优质。

| 成分：$Mg_2Al_4SiO_{10}$ | 硬度：7.5 | 比重：4.0~4.1 | 解理：无 | 断口：贝壳状至参差状 |

青田石

因岩石中三氧化铁含量不同，也呈红色、黄色、白色、蓝色、绿色、紫色、黑色等

青田石因产于浙江青田县而得名，是我国传统的"四大印章石之一"，与寿山石、昌化石、巴林石共称为中国四大名石。其主要矿物成分是叶蜡石，同时还有绿帘石、硅线石、石英、绢云母和一水硬铝石等。它是一种变质的中酸性火山岩，又叫流纹岩质凝灰岩。当三氧化铁含量高时，会呈红色，含量低时则呈黄色或青白色。

主要用途

青田石色彩斑斓、纹路奇特、质地温润、硬度适中，是中国篆刻艺术应用最早也最为广泛的印材之一。

呈均质块状

自然成因

青田石主要在岩浆岩中产生，常与刚玉、红柱石、高岭石、火铝石等共生。

（特征鉴别）

青田石性脆易裂，在被切磨、抛光或是太阳暴晒后，易出现裂纹。

青田石颜色很杂，有红、黄、蓝、白、黑等颜色，色彩与其化学成分有关，三氧化铁含量高时呈红色，含量低时呈黄色，青白色含量最低。

产地区域

● 主要产地为中国浙江省青田县山口镇。

| 成分：$Al_2(Si_4O_{10})(OH)_2$ | 硬度：1.0~2.0 | 比重：2.66~2.90 | 解理：完全 | 断口：参差状 |

苏纪石

苏纪石是一种稀有宝石，又名舒俱来石，主要成分为二氧化硅，同时含有铁、钠、钾、锂等多种矿物元素。苏纪石的单晶十分罕见，结构细腻，晶体中常含有黑色、褐色及蓝色线状的含锰包裹休。层次不同的美丽紫色，深浅不同的色泽变化，让苏纪石充满神秘冷艳的感觉。

六方晶系，集合体通常呈粒状

主要用途

苏纪石因呈层次不同的紫色，常作宝石。

产地区域

● 主要产地为南非喀拉哈里沙漠的含锰区域，日本和加拿大魁北克也有产出。

自然成因

苏纪石主要在霓石正长岩的小岩珠中形成。

颜色较为特别，呈深蓝色、蓝紫色、红紫色、浅粉色等

（特征鉴别）

苏纪石具有一定的荧光性。

外观会呈现各种不透明的深浅紫与紫红色交织，也有的紫色深至黑色，皇家紫最优，长久佩带颜色和光彩更加亮丽。

| 成分：$(K,Na)(Na,Fe)_2(Li,Fe)Si_{12}O_{30}$ | 硬度：5.5~6.5 | 比重：2.74 | 解理：无 | 断口：不平坦状 |

硬锰矿

　　硬锰矿主要由钡和锰氧化而成，斜方晶系，集合体呈葡萄状、钟乳状、肾状、致密块状或树枝状。

主要用途

硬锰矿是提炼锰的主要矿物原料，可以用来制造含锰盐类制品，如制取电池、火柴、印漆、肥皂等，也可用于玻璃和陶瓷的着色剂和褪色剂；同时还广泛应用于国防工业、电子工业、环境保护及农牧业等。

颜色呈黑色至暗钢灰色，条痕呈褐黑色至黑色

自然成因

硬锰矿主要在锰矿床的氧化带和沉积矿床中形成，作为次生矿物，也常见于热液矿矿床内。

产地区域

● 中国主要产地有浙江、江西等。

溶解度

硬锰矿不溶于硝酸，溶于盐酸。

具有半金属光泽至暗淡光泽

（特征鉴别）

硬锰矿多为固溶胶，硬度较大。

| 成分：$(Ba, H_2O)_2Mn_5O_{10}$ | 硬度：4.0~6.0 | 比重：4.4~4.7 | 解理：无 | 断口：参差状 |

蓝刚玉

　　蓝刚玉属于刚玉的一种，主要成分为三氧化二铝，因含有微量的钛和铁而发出蓝光。天然的蓝刚玉中固态包裹体的品种繁多，如硬水铝石、金红石、磷灰石、锆石、金云母等，因晶体细小、形态各异、组合不同，构成了不同的产地特征。

颜色有黄色、粉红色、绿色、白色、黑色等，甚至在同一颗石上会出现多种颜色

主要用途

蓝刚玉若色泽美丽透明、晶体完好粗大，可作名贵宝石。同时因其硬度极高，也常用来制作研磨材料和手表、精密机械及精密机械的轴承材料或耐磨部件。

复三方偏三角面体晶系

自然成因

蓝刚玉通常产生于高温和富铝缺硅的条件下，形成于接触交代型、区域变质型、岩浆型、伟晶型等矿床中。

（特征鉴别）

蓝刚玉耐酸耐碱，不易被腐蚀，火烧或蜡镶也不会变色。
通常呈致密块状和粒状的集合体。

| 成分：Al_2O_3 | 硬度：9.0 | 比重：4.0~4.1 | 解理：无 | 断口：贝壳状至参差状 |

易解石

斜方晶系，
颜色为褐色至黑色、黑褐色等

　　易解石属于一种稀有矿物，是提炼铌及其他稀
土和放射性元素的主要矿物原料。它的化学成分十
分复杂，在某些易解石中还富含镧、钕、镝、铈、铕、
钇及钽等元素。晶体通常呈柱状、块状、板状或束状的
集合体，具有较强的放射性。

自然成因

易解石主要在碱性伟晶岩、霞石正长岩、花岗伟
晶岩等碱性岩以及花岗岩与白云岩的接触带中产
生，常与锆石、黑帘石、黑稀金矿、烧绿石等共生。

主要用途

易解石可用来提炼
铌及其他稀土和放
射性元素。

溶解度

易解石溶于酸，但不
溶于水。

条痕为黑色至褐色

成分：（Ce,Th）（Ti，Nb）$_2$O$_6$	硬度：5.0~6.0	比重：4.9~5.4	解理：无	断口：不平坦状

金绿宝石

斜方晶体，
通常呈板状、短柱状，
集合体呈厚板状

　　金绿宝石，又称金绿玉，主要成分为氧化铝铍，是一种较为
稀少的矿物，也是一种珍贵的宝石，具有四个变种：猫眼、变
石猫眼、变石和金绿宝石晶体。

主要用途

金绿宝石若能切割成大颗粒，颜
色净度较好，同时具有优良火彩，
则是一种珍贵的宝石，具有较大
的收藏价值。

自然成因

金绿宝石主要在花岗伟晶岩、细
晶岩和云母片岩中形成，偶有少
量碎屑形成于沙砾层中。

具有玻璃光泽至油脂光泽，
透明至不透明

产地区域

● 主要产地有巴西、马
达加斯加和斯里兰卡等。

（特征鉴别）

金绿宝石遇酸不会被侵蚀，同时在短波
紫外线照射下，会发出绿黄色的荧光。
具有猫眼效应及变色效应。

成分：BeAl$_2$O$_4$	硬度：8.5	比重：3.63~3.83	解理：清楚	断口：贝壳状

板钛矿

板钛矿主要成分为二氧化钛，含钛 59.95%，同时也是二氧化钛的另一种同质异象矿物，与锐钛矿和金红石成同质三象。斜方晶系，晶体通常呈板状、片状和柱状。

主要用途

板钛矿可用来提炼钛，色散高、出火强；色泽鲜红者可作宝石，少量浅黄色者可用作钻石代用品。

条痕呈浅黄色、浅灰色至褐色

颜色呈淡黄色、褐色至黑色等

自然成因

板钛矿主要在区域变质岩的石英脉和接触变质岩石中产生，偶尔也形成于热液蚀变及砂矿中，常与石英、金红石、钠长石、锐钛矿等共生。

产地区域

● 世界著名产地有美国阿肯色州磁铁矿湾、俄罗斯乌拉尔、瑞士蒂洛尔，以及英国、巴西等。

具有金刚光泽至半金属光泽，透明至不透明

溶解度

板钛矿不溶于任何酸性物质。

特征鉴别

板钛矿具有特殊的光性，折射率极高，具有异常强的色彩。在 700℃ 高温时，可变为金红石。

| 成分：TiO₂ | 硬度：5.6~6.0 | 比重：4.1~4.2 | 解理：不完全 | 断口：参差状 |

锐钛矿

　　锐钛矿是一种主要成分为二氧化钛的矿物，同时也是二氧化钛的低温同质多象变体，也可由其他钛矿物变成。呈坚硬、闪亮的正方晶系晶体，晶体多呈柱状、锥状和板状，颜色呈褐色、黑色、黄色等，偶见无色。

主要用途

锐钛矿可用来提炼钛，还可用来制作光学材料。

正方晶系，
少数呈蓝色和绿灰色

自然成因

锐钛矿主要在火成岩和变质岩的矿脉中形成，也常在砂矿床中出现。

溶解度

锐钛矿不溶于任何酸性物质。

条痕呈无色、
白色或浅黄色

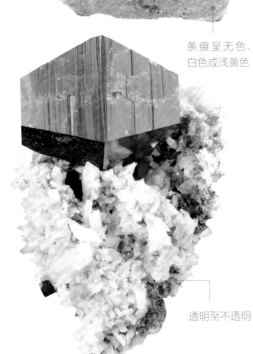

具有金刚光泽
至半金属光泽

产地区域

● 世界著名产地有阿尔卑斯山的脉状矿床，在巴西和乌拉山的碎屑矿床中也有产出。

透明至不透明

特征鉴别

锐钛矿具有双锥状晶形，正突起很高，轴贝晶。在800℃～900℃高温时可转变为金红石。锐钛矿与金红石、板钛矿为同质多象，成分与金红石、板钛矿相同，但晶体结构不同。

成分：TiO$_2$	硬度：5.5~6.5	比重：3.82~3.97	解理：完全	断口：亚贝壳状

针铁矿

　　针铁矿，又称沼铁矿，是一种水合铁氧化物，分布较为广泛，通常见到的铁锈基本都由它组成。一般是黄铁矿、磁铁矿等于风化条件下形成的。若发生水合作用，则会产生变种，为水针铁矿。

晶体通常呈针状、
片状或柱状

主要用途

针铁矿作为褐铁矿的主要原生矿物，可作为冶铁原料；在早期，也常作为一种被称为"赭石"的颜料。

自然成因

针铁矿主要在铁矿床氧化带中形成，偶尔也会见于一些低温热液矿脉中，常与赤铁矿、方角石、锰的氧化物和黏土质共生。

产地区域

● 世界上最大的产地是法国的阿尔萨斯 – 洛林盆地；在北美五大湖地区和阿拉巴契亚山脉、拉布拉多半岛，南非、巴西以及澳大利亚部分地区也有产出。

颜色多呈黄褐色至红色，
条痕呈橙色至浅棕色

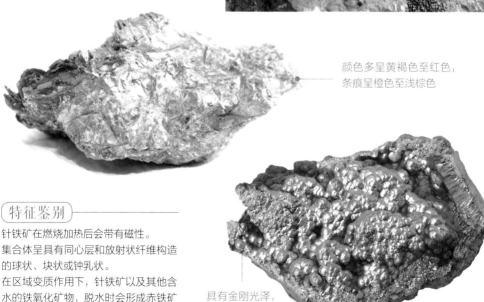

（特征鉴别）

针铁矿在燃烧加热后会带有磁性。
集合体呈具有同心层和放射状纤维构造的球状、块状或钟乳状。
在区域变质作用下，针铁矿以及其他含水的铁氧化矿物，脱水时会形成赤铁矿或磁铁矿。

具有金刚光泽，
不透明

| 成分：FeO（OH） | 硬度：5.0~5.5 | 比重：3.3~4.3 | 解理：完全 | 断口：贝壳状 |

褐铁矿

　　褐铁矿是一种主要成分为含水氧化铁的矿物，同时也是针铁矿和水针铁矿的统称。矿石中的矿物种类多达26种，但主要是褐铁矿和石英，其他含量较少。褐铁矿硬度因成分和形态而有所不同，含硅的致密块状硬度达5.5，含泥质的土状硬度会下降至1。

主要用途

褐铁矿可用来提炼铁。

晶体通常呈块状、钟乳状、土状、葡萄状或粉末状，也常以结核状或黄铁矿晶形的假象出现

产地区域

● 世界著名产地有法国、德国、瑞典等。

颜色呈黄褐色或深褐色，条痕呈黄褐色

自然成因

褐铁矿主要形成于酸性残余火成岩和石灰岩接触发生交代硫化作用下。

溶解度

褐铁矿可以在酸中慢慢溶解。

具有半金属光泽

（ 特征鉴别 ）

褐铁矿在燃烧加热后会释放出水 / 水蒸气。矿物形态不同其硬度各异，无磁性。
褐铁矿在硫化矿床氧化带中有红色的"铁帽"构成，可以此来找矿。

成分：$Fe_2O_3 \cdot nH_2O$	硬度：5.0~5.5	比重：2.7~4.3	解理：无	断口：参差状

铝土矿

　　铝土矿不是指某单一矿物，主要是指在工业上能利用的，包括一水软铝、三水铝石为主要矿物所组成的矿石统称。其晶体极为少见，集合体常呈钟乳状、鳞片状、皮壳状、放射纤维状或是豆状、鲕状、球粒状结核或呈细粒土状块体，主要呈细粒晶质或胶态非晶质。

单斜晶系，
晶体通常呈假六方板状，并呈聚片双晶

主要用途

　　铝土矿是生产金属铝的最佳原料，用途十分广泛，如炼铝工业、精密铸造、硅酸铝耐火纤维等，同时还可制造矾土水泥、研磨材料及陶瓷工业、化学工业可制铝的各种化合物。

自然成因 ——

　　三水铝石主要形成于含铝硅酸盐矿物的分解和水解作用。

颜色多呈白色，含有杂质时会呈淡红色至红色

产地区域

● 中国主要产地有山西、山东、河北、贵州、河南、四川、福建、广西等。

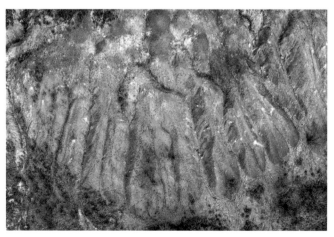

具有玻璃光泽，
透明至半透明

溶解度

　　铝土矿不溶于任何酸性物质。

(特征鉴别)——

　　铝土常带有湿黏土的臭味。玻璃光泽，解理面呈珍珠光泽。有一定透明度，解理极完全。在偏光镜下观察它是无色的。

| 成分：FeO（OH）和 $Al_2O_3 \cdot 2H_2O$ | 硬度：2.5~3.5 | 比重：2.3~2.7 | 解理：完全 | 断口：参差状 |

锆石

　　锆石，又称为锆英石，日本称其为"风信子石"，属于一种硅酸盐矿物。锆石的品种极多，颜色多样，如金黄、淡黄、淡红、紫红、粉红、苹果绿等。因其化学性质十分稳定，在河流的砂砾中也可见宝石级的锆石。经过切割后，与钻石十分相似。

四方晶系，
晶体通常呈四方双锥状、
四方柱状及板状，集合体
呈纤维状

主要用途

锆石是提炼金属锆的主要矿物原料，可作宝石原料，同时也是耐火材料、型砂材料及陶瓷原料。

自然成因

锆石主要在酸性火成岩中形成，也常出现在变质岩和沉积岩中。

颜色常见为无色、蓝色和红色

具有强玻璃光泽至金刚光泽，
新鲜断面呈油脂光泽，
透明至半透明

产地区域

● 世界著名产地有泰国、老挝、柬埔寨和斯里兰卡等。
● 中国主要产地有云南，但出产的锆石一般需要经过加热改色处理。

（特征鉴别）

锆石具有高折射率、高密度、高色散等典型光谱特征，在热处理后会改变颜色，且具有放射性。在X射线的照射下会发出黄色光，在阴极射线下发出弱黄色光，在紫外线照射下则会发出明亮的橙黄色光。

成分：$ZrSiO_4$	硬度：7.5~8.0	比重：4.4~4.8	解理：不完全	断口：参差状至贝壳状

氢氧镁石

氢氧镁石，又名水镁石，主要成分为氢氧化镁。颜色通常呈白色、灰色、淡绿色和浅蓝色等，当它含有锰元素时，颜色呈黄色到棕色，含有铁元素时呈红褐色。

主要用途

作为提炼镁的最佳原料。

作为高级耐火材料，人造纤维、橡胶、颜料、塑料、电绝缘材料、无线电、陶瓷、镁粘合剂等的增强填料，还可作为电焊条涂料的阻燃剂。

可作为生产肥料、特种水泥的原料，代替石灰处理造纸厂的污水。

可作为电子设备、核反应堆、核火箭装备的结构材料，还可作为红外线和紫外线设备材料。

色泽、花纹美观的水镁石还可以用来雕刻艺术品。

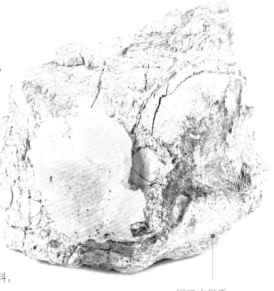

属三方晶系，晶体通常呈较为宽阔的板状

具有玻璃光泽或珍珠光泽，透明

自然成因

氢氧镁石主要在变质石灰岩、蛇纹岩和片麻岩中形成。

是蛇纹岩以及白云岩中典型的低温热液蚀变矿物。

溶解度

氢氧镁石溶于盐酸。

集合体呈块状、粒状、叶片状和纤维状等

特征鉴别

晶体形态上，单晶体呈厚板状，片状集合体较为常见，偶尔会形成纤维状集合体。

要注意的是，水镁石经常会形成方镁石的假象。水镁石的颜色因混入的其他元素的含量多少而不同，如含铁、锰杂质的变种呈现黄色或褐红色

| 成分: Mg（OH）₂ | 硬度: 2.5 | 比重: 2.38~2.40 | 解理: 完全 | 断口: 参差状 |

硬水铝石

　　硬水铝石属于铝的氧化物，又称硬水铝矿，常
含铁、锰等元素。颜色多为无色、白色、灰色等，含
有杂质时会呈红色、褐色等，条痕为白色。

主要用途

硬水铝石可用来提炼铝，因耐腐蚀性强和良好
的机械强度，广泛应用于制造飞机和机器部件、
建筑物、饮料罐及食品包装的主要结构材料。
硬水铝石还可作为耐火材料。

斜方晶系，
晶体通常呈针
状、板状或片状，
集合体呈块状、
片状、鳞状或钟
乳状等

产地区域

● 主要产地有美国阿肯色州和密苏里
州，法国、匈牙利及南非等。

自然成因

硬水铝石主要在蚀变的岩浆岩和大理岩中
形成，同时广泛分布于铝土矿、红土矿及
一些岩石中，常与白云石、尖晶石、绿泥
石、磁铁矿和刚玉等共生。

溶解度

硬水铝石不溶于任何酸性物质。

具有玻璃光泽，
透明至半透明

质地坚硬

〔特征鉴别〕

硬水铝石有极强的耐腐蚀性。
铝的氧化物矿物为白色或淡灰色，坚硬，具玻璃光泽。
硬水铝石与软水铝石化学成分相同，但晶体结构不同，
成同质二像。
硬水铝石不含氢氧基，但含有与氧原子呈二次配位的
氢阳离子。

| 成分：AlO（OH） | 硬度：6.5~7.0 | 比重：3.3~3.5 | 解理：无 | 断口：贝壳状 |

文石

　　文石，又名霰石，主要由霰石、方解石、蛋白石、铁氧化物等矿物组成，属于次生矿物。其晶体常呈鲕状、粒状、皮壳状和豆状等的集合体，同时具有同心圆构造。它在自然界中性质并不稳定，易转变为方解石。

斜方晶系，
晶体通常呈柱状、矛状或纤维状等，
常见假六方对称的三连晶体

主要用途

文石中质地上佳者，在经加工打磨后会呈现美丽的同心圆花纹，被称为文石眼，可制作饰物及印材等。

溶解度

文石溶于冷稀盐酸。

自然成因

文石主要在外生作用下形成，多见于蛇纹石化超基性岩风化壳及石灰岩洞穴中；同时也可在内生作用下形成，常见于温泉沉积及火山岩的裂隙和气孔中；偶有在生物作用下形成，常见于某些贝壳中。

具有玻璃光泽，新鲜断面呈油脂光泽，透明

颜色多呈白色和黄白色，条痕为无色

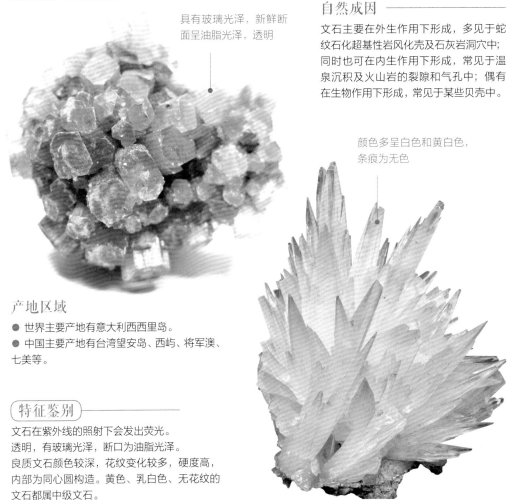

产地区域

● 世界主要产地有意大利西西里岛。
● 中国主要产地有台湾望安岛、西屿、将军澳、七美等。

（特征鉴别）

文石在紫外线的照射下会发出荧光。
透明，有玻璃光泽，断口呈油脂光泽。
良质文石颜色较深，花纹变化较多，硬度高，内部为同心圆构造。黄色、乳白色、无花纹的文石都属中级文石。

| 成分：$CaCO_3$ | 硬度：3.5~4.0 | 比重：2.9~3.0 | 解理：不完全 | 断口：贝壳状 |

方解石

　　方解石属于一种碳酸钙矿物，是天然碳酸钙中最为常见的，分布较为广泛，主要含有钙、碳、氧三种元素，也是石灰岩和大理岩的主要成分。常见完好晶体，形态多样，晶体中还常见白云石、水镁石、铁的氢氧化物及氧化物、硫化物、石英等机械混入物。常含锰、铁、锌、铅、镁、锶、钡、钴和稀土元素等类质同象替代物，达一定的量时，还可形成锰方解石、铁方解石、锌方解石及镁方解石等变种。

三方晶系，
晶体通常呈菱面体，
集合体呈粒状、块状、土状、钟乳状、纤维状、结核状等

主要用途

方解石一般可作为化工、水泥等工业原料，在冶金工业可作熔剂，在建筑工业可用来生产水泥及石灰。其次，可在造纸、塑料、牙膏及食品中作添加剂；在玻璃生产中加入方解石成分可使玻璃变得半透明，极适合做玻璃灯罩。

具有玻璃光泽，
透明至不透明

自然成因 ————

方解石主要在热液活动中形成，在自然界中分布广泛，也常在浅海或湖泊中沉积形成广大的石灰岩层。

溶解度

方解石溶于稀盐酸，同时会剧烈起泡。

颜色一般呈白色或无色，含有杂质时会呈淡黄色、淡红色、玫红色、紫色、褐色等，条痕为白色

产地区域

● 世界主要产地有美国、德国、英国、法国、墨西哥等。
● 中国主要产地有广西、江西及湖南一带。广西出产的方解石因白度高、酸不溶物少而在国内闻名。

（ 特征鉴别 ）————

方解石硬度低于小刀，同时具有强烈双折射功能和最大的偏振光功能。其形状多样化，集合体多为一簇簇晶体，也有其他各种形状。

| 成分：CaCO₃ | 硬度：3.0 | 比重：2.6~2.8 | 解理：完全 | 断口：亚贝壳状 |

白云石

　　白云石属于一种碳酸盐矿物，一般由碳酸钙与碳酸镁组成，同时也是白云岩和白云质灰岩的主要组成部分。其晶体的结构与方解石相似，性质较脆，颜色通常为白色，晶面常弯曲成马鞍状，多见聚片双晶。

主要用途

白云石在建材、玻璃、陶瓷、耐火材料、化工以及环保、节能、农业、医药等领域都有广泛应用。也可用作碱性耐火材料、高炉炼铁的熔剂，以及生产钙镁磷肥、制取硫酸镁。

自然成因

白云石主要在结晶石灰岩以及富含镁的变质岩中形成，也见于热液矿脉和碳酸盐矿物的孔穴内，在各种沉积岩的胶结物中也偶有出现。

产地区域

　　● 中国主要产地有东北辽河群、内蒙古桑子群、福建建瓯群；其次，河北、山西、江苏、湖北、湖南、广西、贵州等也有分布。

三方晶系或六方晶系，
晶体多呈棱面体，集合体则呈块状和粒状，
颜色多呈白色和浅黄色，也呈无色、灰色和浅褐色等，条痕为白色，
具有玻璃光泽或珍珠光泽，透明至半透明

（特征鉴别）

白云石在遇到冷稀盐酸时会起泡，一些白云石在阴极射线的照射下会发出橘红色的光。

铁白云石

　　铁白云石属于白云石的一种，是一种次生矿，主要由碳酸钙和少量的铁、镁和锰组成。晶体形状与白云石相似，通常具有荧光性，溶于盐酸。

| 成分：$CaMg(CO_3)_2$ | 硬度：3.5~4.0 | 比重：2.8~2.9 | 解理：完全 | 断口：亚贝壳状 |

菱铁矿

菱铁矿的主要成分是碳酸亚铁，在自然界中分布较广，铁元素含量48%，且不含硫元素或磷元素，属于一种有价值的铁矿物。菱铁矿通常呈薄薄一层，与页岩、煤或黏土在一起。它在氧化水解的情况下可变成褐铁矿。

主要用途

菱铁矿的杂质很少时可作为提炼铁的铁矿石。

三方晶系，
晶体通常呈菱面体，
集合体呈致密块状、粒状、球状或结核状

自然成因

菱铁矿主要形成于中、低温热液矿脉及变质沉积石中，也有在伟晶岩中出现的可能。

颜色多为灰白色或黄白色，风化后会变为褐色或褐黑色等，条痕为白色至灰白色

产地区域

● 世界主要产地有英国、法国、德国、巴西、波兰、葡萄牙、秘鲁、玻利维亚，以及捷克波西米亚、澳大利亚新南威尔士州等；美国宾州、加州、密歇根州、犹他州；加拿大蒙特利尔、魁北克也有产出。
● 中国主要产地有贵州、陕西、青海、新疆、甘肃、云南等。

（特征鉴别）

菱铁矿在加热后会产生磁性，并且在冷盐酸中会缓慢溶解。
硬度小于小刀等利器，条痕为白色到灰白色。可以此区分菱铁矿石与其他重感明显的岩石或矿石。

具有玻璃光泽和珍珠光泽，半透明

成分：$FeCO_3$	硬度：3.75~4.25	比重：3.7~4.0	解理：完全	断口：参差状

菱镁矿

　　菱镁矿是一种碳酸镁矿物，是镁的主要来源，天然的菱镁矿铁元素含量不高。当方解石遇到含有镁的溶液时，可变成菱镁矿。其晶体呈隐晶质致密块状的被称为瓷状菱镁矿。

主要用途

菱镁矿是提炼镁的主要矿物原料，也可用作耐火材料和制取镁的化合物。

颜色多为白或灰白色，当含有铁元素时，则会呈黄色至褐色

具有玻璃光泽

自然成因 ————

菱镁矿主要在热液交代及沉积变质的矿床中产生，也见于海相沉积矿床中，常与白云石、方解石、绿泥石、滑石等共生。

产地区域

● 中国是世界上菱镁矿资源最丰富的国家，居世界第1位，主要分布在辽宁菱镁矿区；其次，山东、西藏、新疆、甘肃也有大量分布。

三方晶系，
晶体通常呈粒状或隐晶质致密块状，在风化带会呈隐晶质瓷状

（特征鉴别）—————

菱镁矿遇冷盐酸不会起泡，但遇热盐酸则剧烈起泡。
在偏光镜下折射率及重折率随铁含量增高而变大，具有显著双反射。

| 成分：$MgCO_3$ | 硬度：3.5~4.5 | 比重：3.0~3.1 | 解理：完全 | 断口：贝壳状至参差状 |

毒重石

毒重石是一种含钡的碳酸盐矿物，也是自然界中除了重晶石外，另一种主要的含钡矿物。其晶体比较少见，多呈葡萄状、纤维状、柱状、球状及粒状的集合体，晶体通常为双面晶。同时还具有硬度低、比重大、吸收 X 射线和 γ 射线等特性。

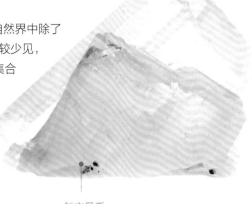

斜方晶系，
晶体常呈假六面体或双锥状

主要用途

毒重石在油气钻探、化工、轻工、冶金、建材、医药等都有广泛应用，它是化工产品制造中的优质钡原料。

毒重石是生产锌钡白和钡的化合物的主要原料，广泛用于橡胶的胶黏剂、农药的杀虫剂、油脂的添加剂、纸张的增光剂、钻井泥浆的增重剂等，还是其他真空管的吸气剂和黏结剂。

产地区域

● 世界著名产地有美国伊利诺伊州、英国诺托姆贝兰德、加拿大安大略等。
● 中国主要产地有陕西紫阳黄柏树湾和四川城口巴山等。

颜色呈无色、白色、灰色、黄色、绿色等，条痕为白色

自然成因

毒重石主要在热液矿脉中形成，常与重晶石、方解石和石英共生。

具玻璃光泽，新鲜断面呈油脂光泽，透明至半透明

 特征鉴别

毒重石溶于稀盐酸，有气泡产生。

| 成分：$BaCO_3$ | 硬度：3.0~3.5 | 比重：4.2~4.3 | 解理：清楚 | 断口：参差状 |

碳酸锶矿

碳酸锶矿是一种自然产生的碳酸盐矿物，属于文石族矿物。其晶体在自然界中较为少见，通常呈针状或柱状，集合体呈粒状、柱状、放射状等。碳酸锶矿的变种有钡碳酸锶矿和钙碳酸锶矿。

斜方晶系，
颜色多呈无色或白色

主要用途

碳酸锶矿可用来提炼锶；用作炼钢的脱硫剂，除去硫、磷等有害杂质；用作磁性材料；也可用作显像管、显示器、工业监视器、电子元器件以及制造锶铁氧体等。

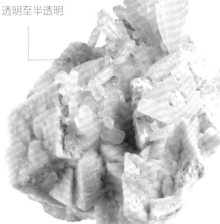

具有玻璃光泽，新鲜断面呈油脂光泽，透明至半透明

自然成因

碳酸锶矿主要在中、低温热液成因下形成，多产于石灰岩或泥灰岩中，常与碳酸钡矿、方解石、重晶石、天青石、萤石及硫化物等共生。

溶解度

碳酸锶矿溶于稀盐酸，有气泡生成。

含有杂质时则会呈灰色、黄白色、绿色、褐色等

特征鉴别

碳酸锶矿在阴极射线的照射下，会发出弱浅的蓝色光。
多呈白色，或被杂质染成灰、黄白、绿或褐色，性脆。

| 成分：$SrCO_3$ | 硬度：3.5~4.0 | 比重：3.6~3.8 | 解理：中等和不完全 | 断口：参差状 |

白铅矿

　　白铅矿的主要成分是碳酸铅，是方铅矿在氧化后形成的次生矿物，但铅有时会被铬或银部分替代。晶体通常呈致密块状、土状、钟乳状或皮壳状的集合体，贯穿双晶常见。当含有铅的包裹体时，颜色会呈浅绿色、蓝色或灰色等，条痕为白色。

主要用途

白铅矿可以用来提炼铅或制作铅制品。

斜方晶体，
晶体通常呈板柱状或假六方双锥状，
颜色多为白色、浅黄、灰色和褐色

自然成因

白铅矿主要在铅锌矿床或铅矿床中形成，常与重晶石、方解石、方铅矿、铅钒、氯磷铅矿、钼铅矿等共生。

具有玻璃光泽至
金刚光泽

新鲜断面呈油脂光泽，
透明至半透明

产地区域

● 世界著名产地有美国宾夕法尼亚州、俄罗斯西伯利亚、意大利撒丁岛，非洲突尼斯，捷克、澳大利亚和德国等。

溶解度

白铅矿溶于稀盐酸，并会产生气泡。

（特征鉴别）

白铅矿在阴极射线的照射下，会发出浅蓝绿色的荧光。

成分：$PbCO_3$	硬度：3.0~3.5	比重：6.4~6.6	解理：清楚	断口：贝壳状

孔雀石

孔雀石是一种含铜的碳酸盐矿物，又称为蓝宝翡翠、蓝玉髓，因颜色近似孔雀羽毛上斑点的绿色而得名，同时也是一种古老的玉石，在中国古代被称为绿青、石绿或青琅玕。其晶体比较少见，同时具有同心层状和纤维放射状结构。

主要用途

孔雀石颜色鲜艳、纯正、均匀的可作观赏石和工艺观赏品，还可以用来雕刻鸡心吊坠、蛋形戒面、项链以及制成印章料。

颜色多为绿色、孔雀绿、暗绿色等，条痕为淡绿色

单斜晶系，
晶体通常呈针状或柱状，
集合体呈纤维状、钟乳状、结核状、葡萄状、皮壳状和块状等

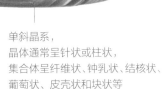

自然成因

孔雀石主要在铜矿床的氧化带中形成，常与蓝铜矿、赤铜矿、辉铜矿、自然铜等共生。

产地区域

● 世界著名产地有俄罗斯、澳大利亚、赞比亚、纳米比亚、刚果（金）、美国等。
● 中国主要产地有广东阳春、湖北黄石和赣西北等。

具有玻璃光泽或丝绢光泽，透明至不透明

溶解度

孔雀石溶于稀盐酸。

特征鉴别

特殊的孔雀绿色及典型的条带。不易与其他宝石混淆，但与绿柱石、硅孔雀石相似。绿柱石硬度大，密度小；孔雀石硬度小，密度小。呈不透明的深绿色，有色彩深浅不同的条状花纹。

成分：$Cu_2CO_3(OH)_2$ | 硬度：3.5~4.0 | 比重：4.0 | 解理：完全 | 断口：亚贝壳状至参差状

蓝铜矿

　　蓝铜矿属于一种含铜的碱性碳酸盐矿物，又称石青。其晶体十分稀少，同时具有纤维放射状和同心层状结构。蓝铜矿鲜艳的微蓝绿色十分特殊，是矿物中最吸引人的装饰材料之一。蓝铜矿易转变成孔雀石。

单斜晶系，
晶体通常呈板状和短柱状，
集合体呈块状、钟乳状、结核状、皮壳状、厚板状、粒状和土状等

主要用途

蓝铜矿可作为铜矿石提炼铜，也可用来制作成蓝色的颜料。若颜色均匀、质地通透，还可用来制作工艺品。

颜色多为深蓝色，也有绿色、孔雀绿和暗绿色等，条痕为浅蓝色

具有玻璃光泽或丝绢光泽，透明至不透明

产地区域

　　● 世界主要产地有美国、俄罗斯、澳大利亚、罗马尼亚、巴西、赞比亚、纳米比亚等。
　　● 中国主要产地有广东阳春、湖北大冶和赣西北等。

自然成因

蓝铜矿主要在铜矿床的氧化带中产生，与孔雀石紧密伴生。蓝铜矿常作为铜矿的伴生产物，是一种含铜碳酸盐的蚀变产物。

溶解度

蓝铜矿不溶于水，但溶于盐酸，有气泡生成。

特征鉴别

蓝铜矿易熔，加热后颜色会变黑。
在偏光镜下呈现出浅蓝至暗蓝色。
它呈不透明的深绿色，具有色彩浓淡不　的　　化浓　这是其他宝石所没有的。
蓝铜矿不能接触酸性和碱性物质，很容易损伤表面光泽。

成分：$Cu_3(CO_3)_2(OH)_2$	硬度：3.5~4.0	比重：3.77~3.78	解理：完全	断口：贝壳状至参差状

绿铜锌矿

　　绿铜锌矿是一种由锌和铜的氢氧化物组成的碳酸盐矿物。其晶体形状似羽毛，通常呈粒状、柱状、片状、簇状和皮壳状的集合体。因绿铜锌矿是富锌矿风化的产物，可根据它找到锌矿床。绿铜锌矿的颜色为暗绿色、带绿的蓝色及天蓝色。有丝绢光泽至珍珠光泽，断口为参差状。

斜方晶系，
晶体呈针状或细长板状

主要用途
矿物研究与收藏。

自然成因 ———
绿铜锌矿主要在铜锌矿脉的氧化带中形成，常与孔雀石、蓝铜矿等铜矿物共生。

具有丝绢光泽或
珍珠光泽，透明

溶解度
绿铜锌矿溶于稀盐酸，并会产生气泡。

产地区域
● 主要产地有美国亚利桑那州、南达科塔州、新墨西哥州和犹他州，纳米比亚的特森布，在俄罗斯、法国、意大利、希腊等地也有产出。

颜色多为淡绿色、天蓝色或绿蓝色，
条痕为白色至浅蓝绿色

特征鉴别

绿铜锌矿因含有铜，燃烧时火焰呈绿色。
以其硬度和颜色作为鉴定特征。
条痕呈现淡绿色，透明。

成分：$(Cu, Zn)_5(CO_3)_2(OH)_6$　硬度：1.0~2.0　比重：3.96　解理：完全　断口：参差状

天然碱

天然碱属于一种蒸发盐矿物，是水合碳酸氢钠，主要在碱湖和固体碱矿中聚集。其晶体通常呈纤维状和柱块状的集合体。倍半碳酸钠也是自然界中常见的天然碱矿物，因此有时专称它为天然碱，又称碱石。

主要用途

天然碱在日常生活中用于制作食品和洗涤产品，同时也是工业生产中的基本化工原料。天然碱杂质较多，首先制成碱液，后加工成纯净的碱类产品，如纯碱、烧碱、小苏打等。

溶解度

天然碱溶于盐酸，会发泡，并且可溶于水。

晶体通常呈柱状或板状，颜色多为灰白色、黄白色、淡绿色、浅棕色或无色

自然成因

天然碱主要在蒸发岩矿床中形成，常与石盐、石膏、硼砂、钙芒硝、钾盐以及白云石等共生。

产地区域

● 中国主要以内蒙古的碱湖产出最多，内蒙古的查干诺尔碱矿、西藏高原和河南省桐柏县也有产出。

特征鉴别

将天然碱置于密封的试管内加热，会释放出水分。

成分：$Na_3H[CO_3]_2 \cdot 2H_2O$	硬度：2.5~3.0	比重：2.1	解理：完全	断口：参差状

水锌矿

单斜晶系，呈细条片状或扁长板状

水锌矿，别称锌华，是闪锌矿的次生矿物。晶体较为少见，通常呈致密块状、皮壳状、葡萄状、钟乳状、球状或肾状的集合体，也常呈隐晶质结构。

主要用途

水锌矿可用来提炼锌，也可用于制备各种锌化合物。

颜色为白色、灰色，有时也呈淡黄色、浅棕色、淡紫色或玫瑰红色，条痕为白色或暗淡

产地区域

● 世界著名产地有瑞典、英国、意大利等。
● 中国主要产地在辽宁。

自然成因

水锌矿主要在含锌矿脉的氧化带中产生，由闪锌矿蚀变形成，常与白铅矿、纤铁矿、针铁矿、绿铜锌矿、菱锌矿等共生。

溶解度

水锌矿溶于盐酸。

特征鉴别

将水锌矿置于试管内加热会产生水；在紫外线的照射下会发出蓝白色或淡紫色的荧光。硬度小和比重大也可作为鉴定特征。

成分：$Zn_5(CO_3)_2(OH)_6$	硬度：2.0~2.5	比重：4.0	解理：完全	断口：参差状

菱锰矿

菱锰矿是一种含有锰的碳酸盐矿物，同时也常含有锌、铁、钙等多种元素，这些元素往往也会将锰元素取代，因此纯菱锰矿在自然界中很少见。其晶体常呈淡玫瑰色或淡紫红色。若含钙量增加，颜色会变淡，致密块状的晶体会呈白色、黄色、褐黄色或灰色等；而锰被铁替代时，会变为黄色或褐色。

主要用途

菱锰矿是提炼锰的主要矿物原料；若色泽艳丽、质感通透，可制作低端宝石和工艺品。

自然成因

菱锰矿是锰的碳酸盐矿物，常含有铁、钙、锌等元素。菱锰矿主要在热液矿脉、沉积和变质作用中产生。

三方晶系，
晶体通常呈菱面状、柱状、三角面状或斑状，集合体呈块状、粒状、球状、肾状、钟乳状、结核状或葡萄状等

被氧化后呈褐黑色，条痕呈白色

溶解度

菱锰矿溶于温盐酸，并会产生气泡。

产地区域

● 世界主要产地有美国科罗拉多州的阿尔马、马达加斯加、墨西哥、南非的阿扎尼亚、阿尔及利亚等。
● 中国主要产地有东北、北京、赣南、贵州、湖南等。

具有玻璃光泽至珍珠光泽，透明至半透明

特征鉴别

菱锰矿硬度较低，表面易刮伤，有猫眼效应和星光效应。
颜色呈粉红色、深红色，有玻璃光泽至亚玻璃光泽。
一轴晶，负光性，三组菱面体解理。

成分：$MnCO_3$	硬度：3.5~4.5	比重：3.6~3.7	解理：完全	断口：参差状

菱锌矿

菱锌矿是一种最为常见的碳酸盐矿物，通常有含铁元素和不含铁元素两种类型。矿石成分中的锌有时会被铁元素或锰元素替换，偶尔也会被少量的钙、镁、铜、铅、镉或钴元素取代。晶面常弯曲，通常呈块状、粒状、肾状、葡萄状或钟乳状的集合体。

主要用途

菱锌矿可以用来提炼锌；若颜色均匀、质地透明的绿色或绿蓝色菱锌矿，可制作为宝石及其他工艺品。

三方晶系，
晶体通常呈菱面状或偏三角面状

自然成因

菱锌矿主要在铅锌矿床的氧化带中形成，由闪锌矿氧化分解产生的硫酸锌并交代碳酸盐围岩或原生矿石中的方解石而成，属于一种次生矿物，常与蓝铜矿、孔雀石、异极矿、方铅矿、水锌矿、白铅矿等共生。

颜色多为白色、黄色、蓝色、绿色、褐色、粉红色或灰色，条痕为白色

具有玻璃光泽或珍珠光泽，
半透明至不透明

产地区域

● 世界著名产地有美国、意大利、德国、墨西哥、希腊、波兰、澳大利亚、比利时、利比亚、南非、保加利亚等。
● 中国主要产地有广西容县等。

溶解度

菱锌矿溶于冷盐酸，并产生气泡。

特征鉴别

不含铁的菱锌矿属三方晶系，菱面体较脆，破裂表面具有强亲水性。

成分：$ZnCO_3$	硬度：4.0~4.5	比重：4.30~4.45	解理：不完全	断口：亚贝壳状至参差状

石膏

　　石膏，又称为二水石膏、水石膏或软石膏，是一种主要成分为硫酸钙的水合物。双晶较为常见，晶面带有纵纹。其晶体呈细晶粒状块状的称为雪花石膏。晶体性质较脆，易弯曲。具有良好的隔音、隔热和防火性能。

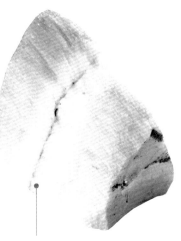

单斜晶系，
晶体通常呈板状，
集合体呈致密块状或纤维状

主要用途

石膏常作为工业材料和建筑材料应用，也可用于石膏建筑制品、水泥缓凝剂、模型制作、硫酸生产、纸张填料、油漆填料、医用及食品添加剂等。

自然成因

石膏矿主要形成于化学沉积作用中，在石灰岩、砂岩、红色页岩、黏土岩及泥灰岩中较为常见，通常与硬石膏、石盐等共生。

产地区域

● 世界主要产地有美国、加拿大、法国、德国、英国、西班牙等。
● 中国的石膏矿资源丰富，在全国20多个省均有产出，如内蒙古、青海、吉林、山东、山西、江苏、湖南、湖北、广西等。

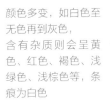

颜色多变，如白色至无色再到灰色，含有杂质则会呈黄色、红色、褐色、浅绿色、浅棕色等，条痕为白色

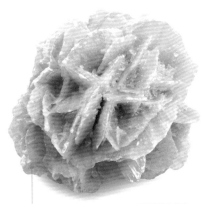

具有玻璃光泽、丝绢光泽或珍珠光泽，透明到半透明

特征鉴别

低硬度，一组极完全解理，从各种不同特征和形态可鉴别。致密块状的石膏，低硬度和遇酸不起泡的特性可与碳酸盐区别。是硬度分类中标准矿物之一。

溶解度

石膏遇酸易溶，但不产生气泡。

| 成分：$CaSO_4 \cdot 2H_2O$ | 硬度：2.0 | 比重：2.32 | 解理：完全 | 断口：多片状 |

硬石膏

斜方晶系，
晶体通常呈柱状或厚板状，
集合体呈块状或纤维状

硬石膏是一种硫酸盐矿物，主要成分为无水硫酸钙，与石膏不一样的是它并不含结晶水。硬石膏在潮湿的环境下会吸收水分而变成石膏，是重要的造岩矿物。其晶体质地纯净时颜色为无色或白色，条痕呈白色或浅灰白色。具有三组互相垂直的解理，也可分裂成长方形解理块。

含有杂质则多呈灰色、浅灰色、浅红色、浅蓝色或浅紫色

主要用途

硬石膏主要用来制作石膏、水泥和化肥，也可代替石膏作为硅酸盐水泥的缓凝剂。

产地区域

● 世界著名产地有德国的施塔斯富特、美国的洛克波特、奥地利的布莱贝格、波兰的维利奇卡、瑞士的贝城等。
● 中国的主要产地有南京的周村等。

自然成因

硬石膏主要于盐湖中在化学沉积作用下形成，时常与石膏、石盐和钾石盐等共生，少量在硫化矿床的氧化带中形成。如果暴露在地表，则易水化成石膏。

特征鉴别

硬石膏遇热易熔化，燃烧时火焰呈砖红色。

成分：$CaSO_4$	硬度：3.0~3.5	比重：2.9~3.0	解理：完全	断口：参差状至多片状

透石膏

单斜晶系，
晶体通常呈板状，
集合体呈致密块状或纤维状

透石膏主要属含氧盐类，是一种能劈成无色透明薄片的石膏变种，薄片有挠性，性质也较脆。

无色，
条痕为白色

主要用途

透石膏可作为工业原料应用，也可用于科学研究和观赏。

自然成因

透石膏主要形成于化学沉积作用，通常与硬石膏、石盐等共生。

溶解度

透石膏溶于酸，但不产生气泡。

成分：$CaSO_4 \cdot 2H_2O$	硬度：1.5~2.0	比重：2.3	解理：完全	断口：多片状

天青石

天青石属于一种硫酸盐矿物，是自然界中最主要的含锶矿物。完好的晶体较为少见，集合体多呈致密块状、钟乳状、纤维状、细粒状和结核状。天青石可与重晶石形成完全类质同象系列，而富含钡元素的被称为钡天青石。

主要用途

天青石主要用来提炼锶和制造锶化合物；也可用来生产电视机的显像管屏幕、特种玻璃、红色焰火和信号弹等，还可作为冶炼时的脱铅剂使用，也有极少量的锶化合物可应用于润滑脂、陶瓷釉料和药品方面。

有时为无色透明，有杂质会呈黑色，条痕为白色

自然成因

天青石主要在热液矿床和沉积矿床中形成，多在白云岩、泥灰岩、灰石岩和含石膏黏土等沉积岩中产生，通常与石膏和碳酸盐共生。

溶解度

天青石不溶于酸，但微溶于水。

斜方晶系，
晶体通常呈板状、片状和柱状，
颜色通常呈浅蓝色、天蓝色或浅蓝灰色

产地区域

● 亚洲最大的产地在中国江苏溧水；其次，内蒙古、青海、吉林、辽宁、山东、陕西、甘肃、重庆、湖北、湖南、贵州、新疆等地均有产出。

具有玻璃光泽，解理面有珍珠光泽，透明至半透明

特征鉴别

天青石灼烧时，火焰呈深紫红色。在紫外线照射下会发出荧光。

| 成分：$SrSO_4$ | 硬度：3.0~3.5 | 比重：3.96~3.98 | 解理：完全 | 断口：参差状至多片状 |

重晶石

重晶石属于一种非金属矿物，是自然界中分布最广的含钡元素矿物，主要成分为硫酸钡，偶尔含有钙等其他元素。其晶体若含有杂质，颜色则会呈浅红色、浅黄色、灰色等，条痕为白色。

自然成因

重晶石主要在低温热液矿脉中形成，常与闪锌矿、方铅矿、黄铜矿、辰砂等共生；也能在沉积岩中形成，常见于沉积锰矿床、砂质沉积岩和浅海泥质。

斜方晶系，晶体通常呈柱状或厚板状，集合体呈致密块状、板状或粒状

具有玻璃光泽，解理面呈珍珠光泽，透明至半透明

主要用途

重晶石主要可用来提炼钡，也广泛应用于石油和天然气钻井泥浆的加重剂、水泥工业用矿化剂、道路建设、工业填料、化工、造纸、纺织填料及颜料等；在生产玻璃时也可作为助熔剂增加玻璃的光亮度。

若质地纯净，则无色透明

特征鉴别

重晶石硬度小，密度大，不具磁性，无毒性。
重晶石与天青石极相似，但重晶石干涉色略高，光轴角较小。
重晶石与硬石膏的区别在于，重晶石双折射率比硬石膏低得多，但折射率大。

产地区域

● 中国主要产地有湖南、湖北、青海、陕西、江西、广西、贵州、福建等。

溶解度

重晶石不易溶于水和盐酸。

| 成分：$BaSO_4$ | 硬度：3.0~3.5 | 比重：4.5 | 解理：完全 | 断口：参差状 |

硫酸铅矿

　　硫酸铅矿是一种主要成分为硫酸铅的矿物，属于重晶石族，又称铅矾，铅元素含量68.3%，颜色通常为无色至白色，条痕为白色。因硫酸铅矿的溶解度极低，故常成皮壳状包裹方铅矿，并阻止其进一步分解。若遇含碳酸的水，则易变成白铅矿。

主要用途

硫酸铅矿可用来提炼铅及矿物收藏。

产地区域

● 主要产地有意大利的撒丁岛、纳米比亚的苏麦伯和摩洛哥的乌杰达等。

斜方晶系，
晶体通常呈板状、柱状或锥状，
集合体呈致密块状、粒状、钟乳状和结核状

自然成因

硫酸铅矿主要作为次生矿物在铅锌硫化矿床氧化带中产生，由方铅矿等含铅硫化物经氧化作用而形成。

具有金刚光泽、玻璃光泽或松脂光泽，透明至不透明

有时也会呈蓝色、灰色和黄色

溶解度

硫酸铅矿不易溶于乙醇，但能微溶于水。

（特征鉴别）

硫酸铅矿在紫外线的照射下会发出黄色或黄绿色的荧光。
比重大，具有金刚石光泽。

| 成分：$PbSO_4$ | 硬度：2.5~3.0 | 比重：6.3~6.4 | 解理：完全 | 断口：贝壳状 |

胆 矾

胆矾是一种无机化合物，俗称五水硫酸铜、蓝矾或铜矾。主要成分为硫酸铜，若不小心误服或超量均可引起中毒。其晶体通常为不规则的块状，大小不一，常以块大、深蓝色、透明无杂质者为佳品。

主要用途

胆矾主要应用于金属冶炼、化工、电镀、印染、颜料、药用及气体干燥剂等方面。

有一定的药用功效，具有催吐，祛腐，解毒及治风痰壅塞、喉痹、癫痫、牙疳、口疮、烂弦风眼、痔疮等功效，但有副作用。

呈板状、短柱状，集合体呈致密块状、肾状、被膜状、钟乳状和纤维状

自然成因 ———

胆矾主要在铜矿床的氧化带中形成。

具有玻璃光泽，透明至半透明

颜色多为蓝色，偶尔也会微带浅绿色，条痕呈无色或浅蓝色

产地区域

● 中国主要产地有陕西、甘肃、山西、江西、广东、云南等。

溶解度

胆矾极易溶于水和甘油，不溶于乙醇。

（ 特征鉴别 ）

胆矾在干燥的空气中会慢慢风化，加热时，会因为失去水分而变成白色。

无臭，味涩。

成分：$CuSO_4 \cdot 5H_2O$	硬度：2.5	比重：2.28	解理：不完全	断口：贝壳状

水胆矾

水胆矾主要是一种含水的硫酸盐矿物，又称羟胆矾，属于一种次生矿物。晶体颜色多呈翠绿色、黑绿色和全黑色，条痕呈灰绿色。是质地较脆的矿物。

单斜晶系，
晶体呈针状或短柱状，
集合体呈肾状或纤维状

主要用途

水胆矾因为颜色独特，常作为收藏品；同时，它还是一种十分重要的铜矿来源。

自然成因

水胆矾主要在铜矿床上部的氧化带中形成，常与铜矾、氯铜矿和孔雀石共生。

特征鉴别

水胆矾质地较脆，不和盐酸反应。

产地区域

● 主要产地有俄罗斯、英国、意大利、智利、罗马尼亚和美国等。

成分：$Cu_4SO_4(OH)_6$	硬度：3.5~4.0	比重：3.97	解理：完全	断口：贝壳状至参差状

明矾石

三方晶系，
晶体通常呈小菱面体或厚板状

明矾石属于一种硫酸盐矿物，在自然界中分布较广。因为是隐晶矿物，所以晶体并不明显。纯净的明矾石为白色，若含有杂质会呈浅红、浅黄、浅灰或红褐色。同时具有极强的热电效应。

主要用途

明矾石可以用来提炼铝，也可用来制造钾肥和硫酸，在化学工业、制造业、农业、环保卫生、食品、印刷、造纸、制革、油漆等行业均有广泛应用。

产地区域

● 中国主要产地有浙江、安徽、山东、江苏、四川、福建、台湾、新疆等。

溶解度

明矾石不易溶于冷水和盐酸，稍溶于硫酸，可完全溶于强碱性溶液中。

特征鉴别

明矾石具强烈的热电效应。
具细密纵棱，并附有白色细粉。
质硬而脆，易砸碎。
气微，味微甘而极涩。
以块大、无色、透明、无杂质者为佳。

自然成因

明矾石主要由中酸性火山喷出岩经低温热液作用产生，也常见于火山岩，如流纹岩、粗面岩和安山岩内。

成分：$KAl_3(SO_4)_2(OH)_6$	硬度：3.5~4.0	比重：2.6~2.9	解理：清楚	断口：多片状至贝壳状

重晶石晶簇

重晶石晶簇是由重晶石单晶体组成的簇状集合体，性质与重晶石并没有太大区别，仅是形状有差别。

主要用途

重晶石一般可以用来制作白色颜料，也可用作造纸、纺织和化工的填料。

产地区域

中国主要产地是黔西南布依族苗族自治州。

自然成因

重晶石晶簇主要在低温热液矿脉中形成，多见于岩石缝隙或空洞中，通常与方铅矿、黄铜矿、闪锌矿和辰砂等共生。

纯净无杂质的为无色，但通常会呈白色和浅黄色

有玻璃光泽，解理面有珍珠光泽

溶解度

重晶石晶簇不溶于水和盐酸。

| 成分：$BaSO_4$ | 硬度：3.0~3.5 | 比重：4.5 | 解理：完全 | 断口：参差状 |

重晶石玫瑰花

重晶石玫瑰花是一种外形形似玫瑰花的重晶石晶簇，主要成分为硫酸钡。而硫酸钡不利于人的身体健康，不慎吸入后会导致胸部紧束、胸痛以及咳嗽等，长期的吸入还会导致钡尘肺，还对眼睛有一定的刺激性。

自然成因

重晶石玫瑰花主要在低温热液矿脉中形成，常见于岩石缝隙或空洞中。

形似玫瑰花，纯净的重晶石无色，也呈白色或浅黄色

特征鉴别

重晶石玫瑰花不易燃，遇热后会产生硫化物烟气，有毒性。

| 成分：$BaSO_4$ | 硬度：3.0~3.5 | 比重：4.5 | 解理：完全 | 断口：参差状 |

天青石晶洞

天青石晶洞主要是一种天青石内部含有石英晶体或玉髓的矿物，同时也是一种较为常见的地质构成。

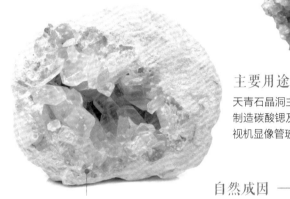

主要用途

天青石晶洞主要用于制造碳酸锶及生产电视机显像管玻璃等。

颜色通常呈蓝色、浅蓝色、绿色、黄绿色、橙色和灰色等，偶尔为无色透明

溶解度

天青石晶洞不溶于酸，但微溶于水。

自然成因

天青石晶洞是由其他矿物缓慢渗入到晶体内部形成的。

具有玻璃光泽，解理面呈珍珠光泽

| 成分：$SrSO_4$ | 硬度：3.0~3.5 | 比重：3.96~3.98 | 解理：完全 | 断口：参差状至多片状 |

泻利盐

泻利盐的学名为七水硫酸镁，又被称为苦盐、硫苦、泻盐。晶体在自然界中比较少见，无臭，味苦。遇热会分解，逐渐脱去结晶水，变为无水的硫酸镁。

溶解度

泻利盐溶于水，微溶于甘油和乙醇。

主要用途

泻利盐主要用来制造瓷器、造纸、印染、颜料、火柴、制革、催化剂、肥料、塑料、炸药和防火材料等；在医药方面也作泻盐应用。

斜方晶系，呈四角粒状、柱状、针状或菱形，集合体呈针状、粒状、粉末状、纤维状或钟乳状

自然成因

泻利盐主要在矿坑壁、石灰岩洞穴和岩石表面形成，也常在干旱地区的黄铁矿氧化带中形成。

| 成分：$MgSO_4 \cdot 7H_2O$ | 硬度：2.0~2.5 | 比重：1.68 | 解理：完全 | 断口：贝壳状 |

钙芒硝

钙芒硝是一种形成于钙芒硝矿床中唯一的原生矿石，在不同时代层位中的产出状态与共生、伴生矿物都不相同。钙芒硝还是一种复盐矿物，在水的作用下，易被溶蚀分解，形成石膏或水钙芒硝的混晶。晶体通常呈短柱状和板状，集合体呈粒状、鳞片状或肾状。

颜色多呈黄色或灰色，偶尔为无色，含有氧化铁时呈红色

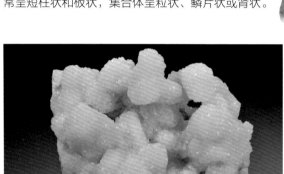

自然成因

钙芒硝主要在蒸发岩矿床中形成。

溶解度

钙芒硝可缓慢在水中溶解。

特征鉴别

钙芒硝微带咸味。

成分：$Na_2Ca(SO_4)_2$	硬度：2.5~3.0	比重：2.75~2.85	解理：完全	断口：贝壳状

青铅矿

青铅矿属于一种硫酸盐矿物，数量不多。晶体通常呈柱状或薄的板状，呈双晶，并能形成晶簇。青铅矿无放射性，19世纪发现于西班牙的利纳雷斯，并以城市名命名。

单斜晶系，颜色多为深蓝色和天蓝色，条痕为浅蓝色

主要用途

青铅矿常与其他铅矿物一起作为铅铜矿石使用。

自然成因

青铅矿主要在铅铜硫化物的矿床氧化带中形成，常与硫酸铅矿、水胆矾、胆矾、白铅矿和孔雀石等伴生。

产地区域

● 主要产地有美国、俄罗斯、加拿大、澳大利亚、意大利、阿根廷、纳米比亚及西班牙等。

特征鉴别

青铅矿易熔化，持续加热会发出爆裂声，并易变黑。
遇稀盐酸后会发白，但不会产生气泡。

溶解度

青铅矿溶于稀硝酸。

成分：$PbCu(SO_4)(OH)_2$	硬度：2.5	比重：5.3~5.5	解理：完全	断口：贝壳状

铬铅矿

铬铅矿是一种铬酸铅矿物，最早是从铬酸铅中被发现的，是一种十分漂亮的矿物。主要成分与铬黄相同。晶体通常呈细长柱状，集合体呈块状。

单斜晶系，
颜色呈亮紫蓝红色至橙红色，
偶尔也呈红色、橘黄色或黄色，
条痕呈橘黄色

在阳光下，颜色会变得暗淡

主要用途

铬铅矿中的铬可以用来防止金属表面生锈。同时铬铅矿具有鲜红的颜色，可以制作颜料。

自然成因

铬铅矿主要在含铬及铅的矿脉以及矿床的蚀变带和氧化带中形成，通常与白铅矿、钼铅矿、钒铅矿和磷氯铅矿等共生。

溶解度

铬铅矿可溶于强酸。

具有金属光泽或玻璃光泽，半透明

产地区域

● 主要产地有美国、巴西、乌拉圭等，而最美丽的品种产于澳大利亚塔斯马尼亚。

特征鉴别

铬铅矿熔点低。
从色泽及外形鉴别。

| 成分：$PbCrO_4$ | 硬度：2.5~3.0 | 比重：6.0 | 解理：清楚 | 断口：贝壳状至参差状 |

黑钨矿

　　黑钨矿，又称钨锰铁矿，是一种氧化物矿物，也是自然界中最重要的钨矿石。完好的晶体较为少见，晶面上时常带有纵纹，性质较脆。矿物的颜色和条痕常因铁和锰的含量而产生变化，铁元素含量越高，颜色越深。

主要用途

黑钨矿可用来提炼钨，主要用来生产钨和各种深加工产品。钨的特种合金钢也常被用于制造炮膛、枪管、高速切削工具、火箭发动机、火箭喷嘴及坦克装甲等。钨还可以用来制造灯丝及X射线发生器的阴极材料。

单斜晶系，
晶体通常呈柱状或板状，多为双晶，
集合体呈块状

颜色呈褐红色至黑色，
条痕呈黄褐色至黑褐色

自然成因

黑钨矿主要在高温热液石英脉内和云英岩化围岩中形成，通常与辉钼矿、辉铋矿、黄铁矿、黄铜矿、锡石、绿柱石、电气石、黄玉和毒砂等共生。偶尔也在中、低温热液脉中形成。

具有金属光泽
至半金属光泽，
透明至半透明

产地区域

● 世界著名产地为中国赣南、湘东、粤北一带，其他主要产地有俄罗斯、澳大利亚、缅甸、泰国、玻利维亚等。

（特征鉴别）

黑钨矿熔点低，但过程较为缓慢。

成分：（Fe，Mn）WO₄	硬度：4.0~4.5	比重：7.2~7.5	解理：完全	断口：参差状

白钨矿

　　白钨矿是一种钨酸盐矿物，与黑钨矿一样同为钨元素的最主要的矿石，成分中的钨元素也可部分被钼元素成类质同象替代。晶体通常呈近于八面体的四方双锥状，晶体较大。

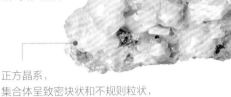

主要用途

白钨矿可用来提炼钨，主要应用于优质钢的冶炼，生产硬质钢，或制造火箭推进器的喷嘴、枪械或切削金属等。也可以纯金属状态和合金系状态在现代工业中广泛应用。

正方晶系，
集合体呈致密块状和不规则粒状，
颜色多为灰色、浅黄色、浅褐色或浅紫色

自然成因

白钨矿主要在接触交代矿床中形成，常与符山石、透辉石、石榴子石等伴生，也有少数在高、中温热液矿脉和云英岩中形成，常与黑钨矿等伴生。

也呈绿色、红色或橘黄色，
条痕为黄绿色

具有玻璃光泽至金刚光泽，新鲜断面呈油脂光泽，透明至半透明

产地区域

● 世界主要产地有英国康沃尔、澳大利亚新南威尔士、德国萨克森、朝鲜南部的山塘、玻利维亚北部和美国内华达等。
● 中国主要产地有湖南的瑶岗仙等。

（ 特征鉴别 ）

白钨矿熔点高；具有荧光性，在紫外线的照射下会发出浅蓝色至黄色的荧光，遇热会略呈紫色。

| 成分：$CaWO_4$ | 硬度：4.5~5.0 | 比重：5.9~6.1 | 解理：清楚 | 断口：亚贝壳状至参差状 |

天蓝石

天蓝石主要是一种带有碱性的镁铝磷酸盐矿物。其晶体通常呈锥状和柱状，具有多色性。与之相似的有天青石和绿松石，但天青石的折射率比较低，而绿松石的比重和透明度较低。

主要用途

质地通透的天蓝石可作为高、中档的宝石，做成饰品，还被用来做颜料。

单斜晶系，
集合体呈致密状、块状或粒状

自然成因 ————

天蓝石主要在花岗伟晶岩或石英脉中形成。

颜色多为蓝色，
较为常见的有深蓝色、天蓝色、蓝绿色、蓝白色、紫蓝色等

具有玻璃光泽至暗淡光泽，半透明至不透明

产地区域

● 品质最好的天蓝石产于美国、巴西和印度，其他产地有瑞士、瑞典、奥地利、马达斯加等。

(特征鉴别)————

将天蓝石置于密封的试管内加热，会释放出水分。
放大检查，会含有白色固体。
断口有明显参差状至多片状。

成分：$(Mg, Fe)Al_2(PO_4)_2(OH)_2$	硬度：5.0~6.0	比重：3.1	解理：不清楚	断口：参差状至多片状

蓝铁矿

蓝铁矿主要是具有相似结构的磷酸盐矿物的统称，包括蓝铁矿、镁蓝铁矿、镍华、钴华以及水砷锌石。主要成分为43%的氧化亚铁，28.3%的五氧化二磷，28.7%的水。晶体通常呈板状或柱状，可以切开，也可以弯曲。

单斜晶系，晶体也呈球状、片状、土状、放射状及纤维状等

主要用途

蓝铁矿因颜色闪亮，常被矿物收藏家收藏。

自然成因

蓝铁矿主要在热液矿床和伟晶岩矿床的风化物中形成，有时也在沉积沙床和泥炭沼泽中形成，常与闪锌矿、菱铁矿、石英等伴生。

新鲜的晶体无色透明，氧化后会变成深蓝色、蓝黑色或暗绿色

产地区域

● 世界著名产地有美国、英国、俄罗斯和乌克兰等。

具有玻璃光泽，新鲜断面呈珍珠光泽，透明至半透明或不透明

（特征鉴别）

蓝铁矿新鲜晶体无色透明，颜色为浅蓝色或浅绿色，具玻璃光泽。
易氧化，氧化后会呈深蓝色、蓝黑色或暗绿色。

成分：$Fe_3(PO_4)_2 \cdot 8H_2O$	硬度：1.5~2.0	比重：2.7	解理：完全	断口：参差状

绿松石

绿松石是一种含铜元素和铝元素的磷酸盐矿物，又称"松石"，因"形似松球，色近松绿"而得名。其晶体质地细腻柔和，硬度适中，色彩明丽鲜艳，通常有四个品种，为绿松、瓷松、铁线松及泡（面）松等。颜色因所含元素不同，较为多样，但大多数呈蔚蓝色。

主要用途

绿松石主要用来制作饰品、工艺品等。

三斜晶系，集合体通常呈致密块状、钟乳状、皮壳状及肾状

溶解度

绿松石溶于盐酸，但溶解很慢。

具有玻璃光泽或油脂光泽，断口呈油脂暗淡光泽，不透明

呈淡蓝、深蓝、湖水蓝、蓝绿、黄绿、灰绿、浅黄、浅绿、浅灰等，条痕为白色或绿色

自然成因

绿松石主要在含铝的岩浆岩和沉积岩中形成。

产地区域

● 世界著名产地有伊朗、埃及、美国、俄罗斯、智利、澳大利亚、印度、南非、秘鲁、巴基斯坦等。
● 中国主要产地有湖北竹山、安徽马鞍山、陕西白河、河南淅川、青海乌兰、新疆哈密等。

特征鉴别

绿松石燃烧时通常会爆裂成碎片，火焰呈绿色。在紫外线长照射下，会发出淡黄绿色至蓝色的荧光。

成分：$AuAl_6(PO_4)_4(OH)_8 \cdot 4H_2O$	硬度：5.0~6.0	比重：2.6~2.8	解理：良好	断口：贝壳状

磷氯铅矿

磷氯铅矿是一种磷酸盐矿物，含有磷和氯两种元素，在自然界中分布稀少。晶体颜色鲜艳，多样且明亮，如黄绿、深绿、柠檬黄、褐色、灰白到白色等，条痕为白色或略带其他色。具有很好的观赏性，十分名贵。

主要用途

磷氯铅矿可用来提炼铅，也常用来收藏。磷氯铅矿数量极少并且不可再生，十分珍贵，除科学价值外，是大自然孕育的天然艺术品。

自然成因

磷氯铅矿产生于岩石裂隙和晶洞中，主要在铅矿床的氧化带中形成，一般需要几十万年甚至上亿年的时间，常与菱锌矿、白铅矿、异极矿、褐铁矿和铅矾等伴生。

溶解度

磷氯铅矿溶于酸。

产地区域

● 主要产地有美国爱达荷州、英国坎布兰、德国埃姆斯地区、俄罗斯乌拉尔、加拿大不列颠哥伦比亚、墨西哥奇瓦瓦及札卡特卡斯、澳大利亚新南威尔士、西班牙、中国以及西南非洲。

六方晶系，
晶体通常呈六方柱状、针状或圆筒状

集合体呈球状、粒状、晶簇状、肾状

特征鉴别

磷氯铅矿熔化成为水珠状后，冷凝时会形成晶体形状。
它与砷铅矿很相似。

具有树脂光泽至金刚光泽，半透明

| 成分：Pb$_5$（PO$_4$）$_3$Cl | 硬度：3.5~4.0 | 比重：6.5~7.1 | 解理：无 | 断口：参差状至贝壳状 |

钙铀云母

　　钙铀云母是一种比较少见的表生铀矿物，铀元素含量54.46%，容易因为失去部分结晶水而转变成含有 6 个水分子的变钙铀云母。其晶体通常呈四方板状、鳞状或片状，具有放射性。当钙铀云母处在潮湿的环境时，颜色会更鲜艳，透明度更好。

正方晶系，
晶体通常呈四方板状、鳞状或片状，集合体呈球状、鳞片状、皮壳状、粉末状及被膜状

主要用途

钙铀云母可用来提炼铀。

自然成因

钙铀云母是铀矿床氧化带中的次生矿物，主要在铀矿床的氧化带和伟晶岩中形成，有时也于泥煤中形成，呈胶状，大量聚积时可提取铀。

产地区域

● 主要产地有意大利的科林扎、伦巴第和古内奥，以及澳大利亚等。

有金刚光泽至玻璃光泽，断面呈珍珠光泽，透明

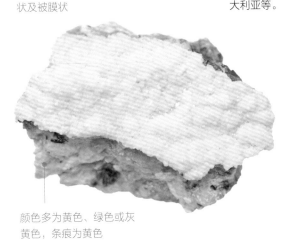

颜色多为黄色、绿色或灰黄色，条痕为黄色

特征鉴别

钙铀云母在紫外线的照射下会发出淡黄色至绿色的中强荧光。处于潮湿环境时，颜色更鲜艳，透明度更好。

| 成分：$Ca(UO_2)_2(PO_4)_2 \cdot 10\text{~}12H_2O$ | 硬度：2.0~2.5 | 比重：3.05~3.19 | 解理：完全 | 断口：参差状 |

银星石

银星石是一种含水的磷酸铝，是一种较为常见的磷酸盐矿物。产于氧化带内，氧化带主要组成部分有碳氟磷灰石、石英及绢云母等，也含有少量炭泥质和铁锰质矿物，偶尔含有黄铁矿。

斜方晶系，
晶体通常呈柱状或球状，
集合体呈放射状或球状

产地区域

● 主要产地有英国、美国等。

颜色为白色、乳白、绿白、黄绿、暗蓝、暗黑、黄、粉红等，条痕为白色

主要用途

银星石可用来收藏。

自然成因

银星石主要在氧化带内和含磷溶液作用于含铝矿物中形成，也有少量于热液矿脉晚期形成。银星石属表生含磷矿物，在氧化不够强烈的矿床中不易形成。

具有玻璃光泽或油脂光泽，新鲜断面为珍珠光泽，透明至半透明

溶解度

银星石溶于多种酸。

特征鉴别

银星石熔点高，置于密闭的试管内加热时，会释放出水分。有玻璃光泽，半透明，性脆易碎，偏光镜下呈无色。

成分：$Al_3(PO_4)_2(OH,F)_3 \cdot 5H_2O$　硬度：3.5~4.0　比重：2.36　解理：完全　断口：参差状或贝壳状

磷灰石

磷灰石是一种自然形成的磷酸盐矿物，也是含钙的磷酸盐矿物的统称。其晶体在自然界中较为常见，有时也有呈胶体形态的变种，称为胶磷灰石。颜色多样，不含杂质时为无色，若含有碳、氟、氯、锰、铀等其他矿物元素时，会呈黄色、浅绿色、黄绿色、蓝色、紫色、褐红等。

主要用途

磷灰石主要可以用来提取磷和制造农用磷肥；若颜色色鲜亮、色泽均匀，还可以作为宝石或其他装饰材料。

自然成因

磷灰石主要在火成岩、沉积岩、变质岩及碱性岩中形成。

六方晶系，晶体通常为带锥面的六方柱，集合体则呈致密块状、粒状、结核状等

产地区域

● 世界主要产地有美国、德国、加拿大、意大利、葡萄牙、西班牙、印度、缅甸、斯里兰卡、巴西、挪威、墨西哥、马达加斯加、坦桑尼亚以及中国等。

通常为透明，具有猫眼效应时呈半透明

溶解度

磷灰石溶于盐酸。

具有玻璃光泽，新鲜断面呈油脂光泽

特征鉴别

磷灰石加热后会出现磷光，部分具有荧光。

性脆，不平坦，可见贝壳状断口。

六方晶系，有玻璃光泽，断口有油脂光泽。通常透明，具有猫眼效应，不完全解理。

| 成分：$Ca_5(PO_4)_3(F, Cl, OH)$ | 硬度：5.0 | 比重：3.1~3.2 | 解理：不完全 | 断口：贝壳状至参差状 |

磷铝石

磷铝石是一种自然形成的磷酸盐矿物，具有多孔的特点。晶体在自然界中较为少见，纯净的为白色或无色，含有杂质时会呈粉红色、黄色、绿色、蓝色等，条痕为白色。其中所含的铝可被铬和铁置换，这也是磷铝石会呈绿色的原因。

主要用途
磷铝石主要可以用来吸附油脂，还可以作为石料饰面或次要宝石。

自然成因 —————
磷铝石主要在含铝岩石的氧化带中形成，常与褐铁矿、赤铁矿等共生。

产地区域
● 主要产地有美国、德国、奥地利、捷克和玻利维亚等。

斜方晶系，
晶体通常呈双锥状或细粒状，多呈胶态，如结核状、玉髓状、皮壳状、豆状、肾状及蛋白石状等

溶解度
磷铝石预热后可溶于酸。

具有金刚光泽或蜡状光泽

（特征鉴别）—————
磷铝石不发光，断口呈贝壳状，解理中等至完全。它与绿松石极为相似，但磷铝石比绿松石密度小，同样质地和大小的磷铝石比绿松石手感轻很多。

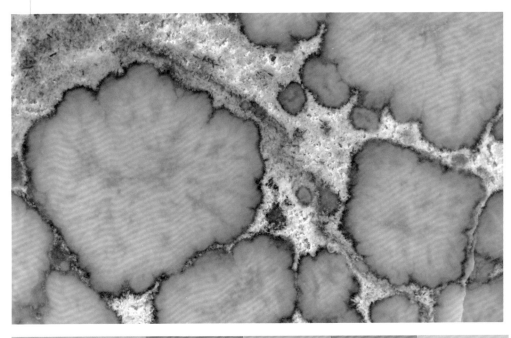

成分：Al（PO₄）·2H₂O	硬度：3.5~4.5	比重：2.6	解理：完全	断口：贝壳状

钼铅矿

　　钼铅矿是一种铅钼酸盐矿物，又名彩钼铅矿，在自然界中较为常见。其中所含的铅元素可被钙元素和稀土替代，钼可被钨、铀等元素替代形成相应的变种。晶体多见单形，颜色多样，如各种黄色、蜡黄色、橘红色、褐色、灰色等，若含有钨元素则会发红。

具有金刚光泽或油脂光泽

主要用途
钼铅矿主要用来提炼钼。

自然成因 ———
钼铅矿主要在铅锌矿的矿床氧化带中形成。

溶解度
钼铅矿溶于热盐酸，在冷盐酸中溶解较为缓慢。

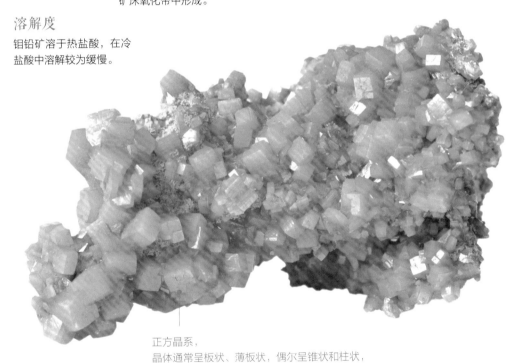

正方晶系，
晶体通常呈板状、薄板状，偶尔呈锥状和柱状，
集合体呈粒状

产地区域
● 世界著名产地有澳大利亚、捷克、摩洛哥、阿尔及利亚、墨西哥及美国等。
● 中国主要产地有湖南、云南等。

（特征鉴别）
清楚的角锥形解理，呈透明至半透明状，断口呈亚贝壳状。可以根据其方形板状、色泽、密度大以及与其他铅矿物共生的特征对其进行鉴定。

| 成分: PbMoO₄ | 硬度: 2.5~3.0 | 比重: 6.5~7.0 | 解理: 清楚 | 断口: 亚贝壳状 |

成分: $PbMoO_4$　硬度: 2.5~3.0　比重: 6.5~7.0　解理: 清楚　断口: 亚贝壳状

水砷锌矿

　　水砷锌矿是一种自然形成的砷酸盐矿物。晶体颜色多为白色和灰色，有时也呈玫瑰红色、浅黄色、绿色、蓝色、浅棕色或淡紫色，条痕呈浅白色或暗淡。晶体呈板状、柱状。　水砷锌矿的硬度小，比重高，性质也较脆。

通常呈板状或柱状，
集合体呈球状

自然成因

水砷锌矿主要在锌矿床的氧化带中形成，分布较为广泛，常与白铅矿、菱锌矿、绿铜锌矿、褐铁矿和方解石等共生；也有偏胶体状的水锌矿沉淀于废坑中形成。

产地区域

● 世界著名产地有英国、意大利、瑞典旺木兰以及中国辽宁本溪等。

溶解度

水砷锌矿溶于稀酸溶液。

具有玻璃光泽或丝绢光泽

透明至半透明

（特征鉴别）

水砷锌矿易熔，在紫外线照射下会发出黄绿色的荧光。
也可以其硬度小和比重高为鉴定特征。

| 成分：$Zn_2AsO_4(OH)$ | 硬度：4.0~4.5 | 比重：3.5~4.0 | 解理：不完全 | 断口：亚贝壳状 |

钴 华

单斜晶系
晶体通常呈针状、
片状或柱状

钴华是自然形成的一种砷酸盐矿物，属于含水砷酸钴。晶体在自然界中较为少见，颜色多呈深紫色至粉红色，有时也呈珠灰色，条痕为淡红色。

主要用途

钴华可用来提炼钴，也可用来给玻璃和陶瓷着色，也是寻找自然银矿的标志。

自然成因

钴华主要在钴矿脉的氧化带中产生，属于次生矿物。

溶解度

钴华溶于盐酸。

产地区域

● 世界主要产地有刚果（金）、赞比亚、美国、澳大利亚、菲律宾、摩洛哥、加拿大、芬兰等。

集合体呈皮壳状、土状、叶片状或被膜状

（ 特征鉴别 ）

钴华在燃烧加热后会变成蓝色。它晶体细小，呈针状或片状，条痕呈粉红色。单斜晶体，集合体常呈土状或皮壳状。

| 成分：$Co_3(AsO_4)_2 \cdot 8H_2O$ | 硬度：1.5~2.5 | 比重：2.95 | 解理：完全 | 断口：参差状 |

橄榄铜矿

条痕呈橄榄绿，
具有玻璃光泽至丝绢光泽，
半透明至不透明

橄榄铜矿属于一种砷酸盐矿物，因颜色为橄榄绿而得名。晶体通常呈柱状、板状、球状、针状或肾状等。颜色多呈橄榄绿、浅黄色、棕色、灰色或白色等。

自然成因

橄榄铜矿主要在硫化铜矿床的氧化带中形成，常与蓝铜矿、针铁矿、方解石、孔雀石、透视石和臭葱石等共生。

溶解度

橄榄铜矿溶于酸性物质。

（ 特征鉴别 ）

橄榄铜矿在燃烧或加热后会发出大蒜味。

| 成分：$Cu_2(AsO_4)(OH)$ | 硬度：3.0 | 比重：4.4 | 解理：不清楚 | 断口：参差状至贝壳状 |

砷铅矿

砷铅矿属砷矿族矿物，同时也是砷（磷、钒）酸盐矿物中最常见和最稳定的矿物，砷铅矿族的矿物还包括钒铅矿和磷氯铅矿等矿物。晶体不含杂质纯净者为无色透明，含杂质的颜色呈黄色、橙色、绿色、褐色、灰色等，条痕为白色或黄白色。在透光的显微镜下呈无色至淡黄色，多色性不明显，性脆。

六方晶系，六方双锥晶类，
晶体通常呈六方柱状、针状、板状或双锥状，
集合体呈肾状、粒状和葡萄状

柱面上含纵纹，
锥面上则含横纹

自然成因

砷铅矿主要在铅锌矿床的氧化带中形成，通常与菱锌矿、钒铅矿、褐铁矿、异极矿、磷氯铅矿和毒砂等共生。砷铅矿与磷氯铅矿、钒铅矿可构成完全固溶体，砷的含量因产地不同而有差异。

产地区域

- 世界主要产地有德国、英国、瑞典、美国和玻利维亚等。
- 中国主要产地有广西、广东、云南、内蒙古等。

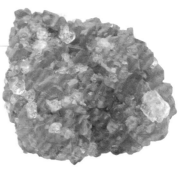

具有玻璃光泽至松脂
光泽，透明至半透明

溶解度

砷铅矿溶于盐酸。

特征鉴别

砷铅矿熔点低，燃烧后会释放出强烈的大蒜味。

| 成分：$Pb_5(AsO_4)_3Cl$ | 硬度：3.5~4.0 | 比重：7.0~7.3 | 解理：无 | 断口：亚贝壳状至参差状 |

镍华

镍华主要是一种含水的镍砷酸盐矿物。晶体颜色多呈白色、灰色、黄绿色或淡绿色，条痕为淡绿色。而鲜绿色的镍华通常多呈针状或柱状，呈放射状集合体，色彩格外耀眼。晶体薄片具挠性。解理完全，参差状断口，透明到半透明，玻璃光泽。

单斜晶系，
晶体通常呈针状、片状或柱状，
集合体呈皮壳状、土状、叶片状或被膜状

主要用途

镍华色彩艳丽，常作为标本收藏。

自然成因

镍华主要在镍砷化物矿床的氧化带中形成。地核中镍的含镍最高，是天然的镍铁合金。海底的锰结核中镍的储量很大，是镍的重要远景资源。

具有玻璃光泽

透明至半透明

产地区域

● 世界主要产地有加拿大、德国和希腊等。

溶解度

镍华溶于盐酸。

（特征鉴别）

将镍华置于密闭的试管内加热会释放出水分。
具有磁性，可导热和导电。
也可以颜色和产状为鉴定特征。

成分：$Ni_3(AsO_4)_2 \cdot 8H_2O$ | 硬度：1.5~2.5 | 比重：3.05 | 解理：完全 | 断口：参差状

钾石盐

钾石盐是一种可溶性钾盐矿物，主要化学成分为氯化钾，也常含有液态和气态的包裹物，主要是氮酸气、氢气和甲烷，偶尔含有氦气。不含杂质纯净者为无色透明，含有杂质则呈红色、玫瑰色、黄色、乳白色、浅蓝色、浅灰色等。

等轴晶系，
晶体通常呈立方体或立方体与八面体聚形

主要用途

钾石盐主要用来制造钾肥。也可用于提取钾和制造钾的化合物。

自然成因 ———

钾石盐主要在含盐的沉积岩层和现代沉积盆地中形成，常与石膏共生。

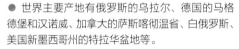

集合体呈致密粒状
或块体，
偶尔也具层状构造

产地区域

● 世界主要产地有俄罗斯的乌拉尔、德国的马格德堡和汉诺威、加拿大的萨斯喀彻温省、白俄罗斯、美国新墨西哥州的特拉华盆地等。
● 中国最大的产地为青海省察尔汗盐湖。

具有玻璃光泽，
不含杂质纯净者为无色透明

溶解度

钾石盐易溶于水。

(特征鉴别) ———

钾石盐味道苦咸且涩，具有吸湿性；燃烧时火焰呈紫色。
纯钾石盐无色透明，含杂质则呈多种色泽，具有玻璃光泽。

| 成分：KCI | 硬度：1.5~2.0 | 比重：1.97~1.99 | 解理：完全 | 断口：参差状至贝壳状 |

石盐

石盐，也称岩盐，主要化学成分为氯化钠，常含有杂质和多种机械混入物。石盐主要包含有日常食用的食盐和由石盐组成的岩石，后者称作岩盐。不含杂质纯净者呈无色或白色，含有杂质则会呈红色、黄色、蓝色、紫色、灰色、黑色等，条痕呈白色。

晶面上常有
阶梯状凹陷

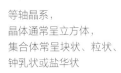

等轴晶系，
晶体通常呈立方体，
集合体常呈块状、粒状、
钟乳状或盐华状

主要用途

石盐是重要的化工原料，可作为食品调料和防腐剂，在工农业及其他领域都有广泛的应用。

自然成因

石盐主要在化学沉积作用下形成，常与钾盐、杂卤石、光卤石、石膏、硬石膏、芒硝等共生或伴生。

新鲜断面通常具有玻璃光泽，
潮解后会呈油脂光泽

产地区域

● 世界主要产地有英国、德国、加拿大、美国、意大利、西班牙、法国、波兰、巴基斯坦和墨西哥等。
● 中国主要产地有河南平顶山叶县（中国岩盐之都）、青海、西藏、江苏淮安、四川、湖北应城、江西以及台湾嘉义、台南滨海一带。

溶解度

石盐易溶于水。

（特征鉴别）

石盐燃烧时火焰呈黄色；具咸味，部分可具荧光，同时有极高的热导性和弱导电性。

| 成分：NaCl | 硬度：2.0~2.5 | 比重：2.1~2.2 | 解理：完全 | 断口：参差状至贝壳状 |

萤石

等轴晶系，
晶体多呈八面体和立方体

萤石主要成分为氟化钙，是自然界中较为常见的矿物，又称氟石、砩石，也是唯一一种可提炼大量氟元素的矿物，有 5 个有效的变种。晶体颜色鲜艳多样，通常呈粉红、黄、酒黄、绿、蓝、绿蓝、紫、褐、灰等颜色，而无色透明者稀少且珍贵。

自然成因

萤石主要在热液矿脉中形成，无色透明的萤石则在花岗伟晶岩或萤石脉的晶洞中形成。常与黄铁矿、闪锌矿、方铅矿、石英、锡石、方解石、白云石、尖晶石等伴生。

主要用途

萤石的质地较脆，不常用作宝石，但颜色艳丽、形态美观，标本多用来收藏、装饰和雕刻工艺品；同时还可作为炼钢中的助熔剂来除去杂质；在制作玻璃和搪瓷时也有应用。

产地区域

● 世界主要产地有英国、法国、瑞士、德国、西班牙、俄罗斯、哈萨克斯坦、墨西哥、美国、加拿大、秘鲁、纳米比亚、巴基斯坦等。
● 中国主要产地在湖南。

具有玻璃光泽，晶体较大时会呈阴暗光泽

透明至半透明

溶解度

萤石溶于硫酸，能轻微溶解于加热后的稀盐酸，微溶于水。

特征鉴别

萤石在紫外线、阴极射线照射或加热时，会发出蓝色、紫色、红色、黄色或绿色的荧光；部分萤石在阳光下暴晒或加热会发出磷光。

| 成分：CaF_2 | 硬度：4.0 | 比重：1.97~1.99 | 解理：完全 | 断口：参差状至贝壳状 |

光卤石

光卤石是一种含水的钾镁盐矿物，又称卤石、砂金，属正交晶系或斜方晶系的卤化物矿物，在自然界中较为少见。性质较脆，不含杂质通常呈无色至白色，含有杂质呈粉红色、黄色、蓝色，若含氧化铁则呈红色。

主要用途

光卤石是生产氯化钾的重要原料之一，可用于制作钾肥和提取金属镁。常作为提炼金属镁的精炼剂、制造铝镁合金的保护剂和焊接剂、金属的助熔剂；也可作为制造钾盐和镁盐的原料；还可用来制造肥料和盐酸等。

斜方晶系或正交晶系，通常呈六方双锥状

溶解度

光卤石易溶于水，在空气中极易潮解。

集合体呈致密块状、纤维状或颗粒状

自然成因

光卤石主要在石膏、硬石膏、石盐和钾石盐沉积的蒸发岩地层中形成，是含镁和钾盐湖中蒸发作用最后形成的产物，常与石盐和钾石盐共生。

具有油脂光泽，透明至不透明

产地区域

● 世界主要产地有德国施塔斯富特和俄罗斯索利卡姆斯克等。
● 中国主要产地有柴达木盆地和云南等。

特征鉴别

光卤石易熔化，燃烧时火焰呈紫罗兰色；具苦味和咸味；具有强荧光性。

成分：$KMgCl_3 \cdot 6H_2O$	硬度：2.0~3.0	比重：1.602	解理：无	断口：贝壳状

氯铜矿

　　氯铜矿属于卤化物矿物，是一种较为稀有的矿物。斜方晶系，晶面具垂直条纹，晶体为柱状或板状，颜色多为深绿色、翠绿色或黑绿色，条痕为果绿色。具有玻璃光泽至金刚光泽，透明至半透明，性脆。

斜方晶系，
晶体通常呈细长柱状
或薄板状

主要用途

氯铜矿大量聚积时，可以作为提炼铜的矿物原料。

自然成因

氯铜矿主要在铜矿床的氧化带中形成，多为次生矿物，在干燥气候条件下常与孔雀石、蓝铜矿和石英伴生，偶尔也在火山口周围形成。

产地区域

● 最早发现于智利，主要产地有美国、秘鲁、英国和俄罗斯等。

溶解度

氯铜矿溶于盐酸，溶液呈绿色。

集合体呈块状、粒状、柱状、肾状、纤维状、放射状或皮壳状等

晶面常有垂直条纹

【特征鉴别】

氯铜矿熔点低，燃烧时火焰呈蓝色，若置密闭试管中加热则会产生水。

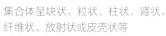

| 成分：$Cu_2Cl(OH)_3$ | 硬度：3.0~3.5 | 比重：3.76 | 解理：完全 | 断口：贝壳状 |

钒铜矿

钒铜矿的晶体通常呈鳞片状或皮壳状，集合体呈玫瑰状或蜂窝状。颜色多为黄色、绿色或棕色。具有玻璃光泽或珍珠光泽，半透明。

通常呈鳞片状或皮壳状，集合体呈玫瑰状或蜂窝状

自然成因

钒铜矿主要由其他钒矿物转化而形成。

溶解度

钒铜矿溶于酸性物质。

具有玻璃光泽或珍珠光泽，半透明

颜色多为黄色、绿色或棕色

成分：$Cu_3V_2O_7(OH)_2 \cdot 2H_2O$	硬度：3.5	比重：3.42	解理：完全	断口：参差状

钒铅矿

具有松脂光泽至金刚光泽

钒铅矿是一种含钒矿物，属于磷灰石矿物族中的磷氯铅矿物系，是氯钒酸铅化合物，含有19.3%的五氧化二钒。晶体在自然界中并不常见，颜色通常呈鲜红色和橘红色，有时也呈黄色、棕色、红棕色、褐色或无色，条痕呈浅黄色或棕黄色。

主要用途

钒铅矿是提炼钒的矿物原料，少数也可以提炼铅。

产地区域

● 世界主要产地有墨西哥、奥地利、西班牙、苏格兰、摩洛哥、南非、纳米比亚、阿根廷、乌拉尔山脉，以及美国的4个州：亚利桑那州、新墨西哥州、科罗拉多州和南达科他州。

六方晶系，晶体通常呈六方柱状、针状或毛发状，集合体呈珠状、晶簇状

自然成因

钒铅矿主要在铅矿床的氧化带中以次生矿物产生，常与砷铅矿、钒铅锌矿、钒铜铅矿、磷氯铅矿、硫酸铅矿、钼铅矿、白铅矿、重晶石和方解石等伴生。

溶解度

钒铅矿溶于硝酸。

特征鉴别

钒铅矿熔点低，蒸发后会产生红色残留物。

成分：$Pb_5(VO_4)_3Cl$	硬度：3.0~4.0	比重：6.6~7.2	解理：无	断口：贝壳状至参差状

四水硼砂

四水硼砂在自然界中比较稀少，晶体通常呈短柱状，集合体呈劈裂的纤维状。刚开采时颜色为无色，随后会变为白色，条痕也呈白色。

自然成因
四水硼砂主要在蒸发岩的矿床和矿脉中形成。

透明至不透明

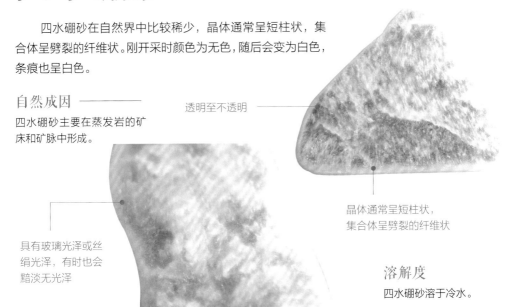

晶体通常呈短柱状，集合体呈劈裂的纤维状

具有玻璃光泽或丝绢光泽，有时也会黯淡无光泽

溶解度
四水硼砂溶于冷水。

成分：$Na_2B_4O_6(OH)_2·3H_2O$	硬度：2.5~3.0	比重：1.9	解理：完全	断口：多片状

斜钡钙石

斜钡钙石的晶体通常呈柱状，晶面带有条纹，集合体呈块状。颜色通常为白色、浅黄色或灰色等。

晶体通常呈柱状，晶面带有条纹，呈块状

溶解度
斜钡钙石溶于盐酸，同时会产生气泡。

自然成因
斜钡钙石主要在热液矿脉中形成。

具有玻璃光泽或松脂光泽，透明至半透明

成分：$BaCa(CO_3)_2$	硬度：4.0	比重：3.66~3.71	解理：完全	断口：亚贝壳状至参差状

硬硼酸钙石

硬硼酸钙石是一种含水的钙硼酸盐矿物，主要由硼砂和硼钠解石构成。晶体为短柱状，集合体以块状、粒状或球状产出，颜色有无色、白色、黄色和灰色等，透明到半透明状。

晶体通常呈短柱状，
集合体呈粒状、块状或球状

主要用途

硬硼酸钙石在工业中一般作为硼酸盐和硼酸的重要原料。

产地区域

● 主要产地有美国、意大利、土耳其、俄罗斯等。大多产于美国加州死谷、克恩和河边郡。

（特征鉴别）

硬硼酸钙石熔点低、易断裂，燃烧时火焰呈绿色。
在紫外线照射下会发出微白或绿色荧光。

自然成因

硬硼酸钙石主要在蒸发岩矿床中形成。

具有玻璃光泽，
透明至半透明

溶解度

硬硼酸钙石溶于盐酸。

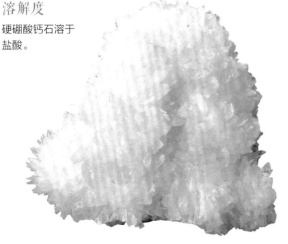

颜色常见为白色、无色，也有黄色、灰色等，
条痕为白色

| 成分：$Ca_2B_6O_{11} \cdot 5H_2O$ | 硬度：4.5 | 比重：2.42 | 解理：完全 | 断口：参差状至贝壳状 |

橄榄石

橄榄石是天然宝石，属于一种镁与铁的硅酸盐，是地幔最主要造岩矿物，主要成分为铁、镁和硅元素，同时也含有钴、锰、镍等元素。完整晶体较为少见，颜色多呈橄榄绿、祖母绿、黄绿、金黄绿、黄色或无色。若含铁量大，颜色会由浅黄绿色变至深绿色；若氧化则会变为棕色或褐色。

斜方晶系，晶体通常呈短柱状或厚板状

主要用途

橄榄石若色泽鲜艳、晶体通透，可作为装饰品。

自然成因

橄榄石主要在橄榄岩、辉长岩和玄武岩之类的暗基性或超基性岩和镁质碳酸盐的变质岩中形成，常与辉石、钙斜长石共生。

集合体呈不规则粒状，完整晶体较为少见

产地区域

● 世界主要产地有缅甸、德国、巴西、埃及、挪威、澳大利亚、巴基斯坦、美国和意大利等。
● 中国主要产地有吉林敦化意气松林区、河北张家口、山西天镇等。

溶解度

橄榄石不溶于水，可溶于盐酸，但溶解过程中会有凝胶出现。

(特征鉴别)

橄榄石热敏性高，加热不均匀或过快会导致破裂。
从色泽、外形及断口可鉴别。

具有玻璃光泽或油脂光泽，透明至半透明

成分：（Fe，Mg）$_2$（SiO$_4$）　硬度：6.5~8.0　比重：3.27~4.32　解理：不完全　断口：贝壳状

黄玉

　　黄玉是一种含氟元素的硅酸盐，又称黄晶。晶体内常见二相及三相的包体，两种或两种以上不混溶液态包体、矿物包体或负晶等。颜色较为多样，常见有无色、红色、粉红、褐红、黄色、蓝色、淡蓝、绿色等，在阳光下暴晒过长会褪色。

主要用途

黄玉可以用来制作研磨材料和仪表轴承。若颜色鲜艳、色泽通透，则属于名贵的宝石。

柱面带有纵纹

斜方晶系，
晶体通常呈柱状，
集合体呈不规则粒状、块状或柱状

溶解度

黄玉不溶于任何酸性物质。

自然成因

黄玉主要在花岗伟晶岩、云英岩中形成。
有时也在高温热液矿脉及酸性火山岩的气孔中形成，通常与锡矿石伴生。

具有玻璃光泽，
透明

产地区域

● 世界主要产地有巴西、缅甸、美国、澳大利亚、斯里兰卡、俄罗斯，以及非洲。
● 中国主要产地有云南、广东、内蒙古等。

成分：$Al_2SiO_4(F, OH)_2$	硬度：8.0	比重：3.49~3.57	解理：完全	断口：亚贝壳状至参差状

蓝晶石

蓝晶石，又称二硬石，因其耐高温、高温体积膨胀大，可作耐火材料。主要化学成分为 63.1% 的氧化铝，36.9% 的二氧化硅。颜色多为蓝色、青色、带蓝的白色、亮灰色等，若表面带有斑点或纹理颜色不均，则会导致中部颜色较深。

主要用途

蓝晶石可用来提炼铝，也可用来制造优良的高级耐火材料、耐火砂浆、水泥、绝缘体、汽车发动机的火花塞、技术陶瓷、试验器皿、耐震物品等。还可用电热法炼制硅铝合金，应用于飞机、火车、汽车、船舶的部件上。若色泽靓丽透明，则可作宝石，常用来制作戒面、手链以及项链等。

具有玻璃光泽，透明至半透明

斜方晶系，
晶体呈扁平的板条状和柱状，常见双晶，集合体呈放射状

自然成因

蓝晶石主要在泥质岩经中级变质作用下形成，也多存于片岩、花岗岩、片麻岩及石英岩脉中，通常与十字石、石榴石、云母和石英共生。

晶面有平行条纹

产地区域

● 主要产地有美国、法国、印度、巴西、瑞士、加拿大、爱尔兰、意大利、奥地利、朝鲜、澳大利亚等。

（特征鉴别）

蓝晶石具有荧光效应，少数具有猫眼效应。
其外形、颜色、硬度、色泽可作为鉴别标准。

| 成分：Al_2SiO_5 | 硬度：5.5~7.0 | 比重：3.53~3.65 | 解理：完全 | 断口：参差状 |

硅硼钙石

　　硅硼钙石是一种钙硼酸盐矿物，在自然界不常见。呈非均质体，常呈粒状或块状集合体，属于二轴晶，具有负光性、无多色性。晶体颜色较为多样，如白色、无色、浅黄色、浅绿色、粉色、紫色、褐色和灰色等，条痕为无色。

单斜晶系，
晶体通常呈柱状

自然成因

　　硅硼钙石主要在热液作用下形成，多见于基性侵入岩脉及伟晶岩中，有时也在火山岩杏仁体中，常与葡萄石、方解石、石英、沸石等共生。

集合体呈粒状、块状和致密块状等

产地区域

● 美国、英国、奥地利等地出产宝石级硅硼钙石。

溶解度

　　硅硼钙石溶于酸性物质。

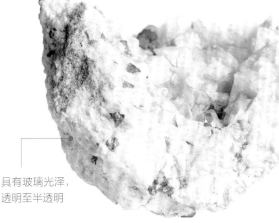

具有玻璃光泽，
透明至半透明

特征鉴别

　　硅硼钙石燃烧时，火焰呈绿色。放大检查可见双折射线和气液包体。具有负光性，常为集合体，无多色性。

成分：$CaBSiO_4（OH）$ | 硬度：5.0~5.5 | 比重：2.8~3.0 | 解理：无 | 断口：参差状至贝壳状

绿帘石

绿帘石属于一种硅酸盐矿物，具有岛状结构。成分中的三价铁可被铝完全替代，称为斜黝帘石；若锰元素含量过高，则称红帘石。晶体颜色多呈不同色调的草绿色，若含铁量增加颜色会变深，有时也呈黄色、黄绿色、绿褐色、灰色或近于黑色。

单斜晶系，
晶体通常呈柱状，
集合体呈粒状、柱状、晶簇状
和放射状等

柱面带有条纹

主要用途

绿帘石多作为名贵的珠宝饰品，在工业应用中一般只具有矿物学和岩石学意义。

溶解度

绿帘石遇热盐酸能部分溶解，若遇氢氟酸，则会快速溶解。

自然成因

绿帘石主要在热液作用下形成，分布于变质岩、岩浆岩、矽卡岩及受热液作用的各类火成岩中。
多见于绿片岩中，往往由早期矽卡岩矿物转变而成。
也可以是围岩蚀变的产物。

具有玻璃光泽至油脂光泽，透明至半透明

产地区域

● 世界主要产地有美国阿拉斯加州威尔士王子岛萨尔泽、爱达荷州亚当区、科罗拉多州查菲区的卡鲁麦特铁矿和帕克区的绿帘石山，在法国、瑞士、墨西哥、奥地利、巴基斯坦也有产出。

（特征鉴别）

半透明的绿帘石棱镜在旋转时呈现强烈的二色性，在同一个方向颜色为深绿，另一个方向颜色呈棕色。解理完全，断口不整齐。

成分：$Ca_2(Al, Fe)_3(SiO_4)_3(OH)$ | 硬度：6.0~6.5 | 比重：3.35~3.50 | 解理：完全 | 断口：参差状

异极矿

异极矿是一种硅酸盐矿物，是重要的锌矿物，也是一种次生矿物。晶体常见结晶和层状结构，颜色多为无色或淡蓝色，还有白色、浅黄色、浅绿色、褐色、棕色、灰色等，条痕为灰色。

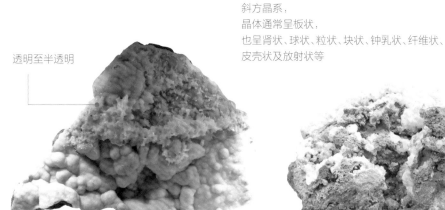

主要用途

异极矿可用作学术研究。
与煤炭煅烧可提炼锌。

斜方晶系，
晶体通常呈板状，
也呈肾状、球状、粒状、块状、钟乳状、纤维状、皮壳状及放射状等

透明至半透明

自然成因

异极矿主要在铅锌矿床的氧化带中形成，常见于石灰岩内，与闪锌矿、白铅矿、菱锌矿、褐铁矿等共生，有时也会呈菱锌矿、方铅矿、萤石、方解石假象。

溶解度

异极矿溶于酸，不起泡，但有胶状体形成。

具有玻璃光泽或金刚光泽，偶尔也有珍珠光泽或丝绢光泽

产地区域

● 世界主要产地有美国、德国、刚果、墨西哥、奥地利等。
● 中国主要产地有云南、广西、贵州等。

（特征鉴别）

异极矿熔点高，置于封闭的试管内加热会释放出水分；具有强热电性。

| 成分：$Zn_4Si_2O_7(OH)_2 \cdot H_2O$ | 硬度：4.5~5.0 | 比重：3.4~3.5 | 断口：贝壳状至参差状 |

绿柱石

　　绿柱石是一种铍铝硅酸盐矿物，又称绿宝石，其化学成分为含二氧化硅 66.9%、氧化铝 19%、氧化铍 14.1%。有几个变种且颜色不一，淡蓝色的为海蓝宝石，深绿色的为祖母绿，金黄色的为金色绿柱石，粉红色的为铯绿柱石等。

六方晶系，
晶体通常呈六方柱状，
柱面带有纵纹

主要用途

绿柱石是提炼铍的主要矿物原料。
也是珍贵的宝石，如祖母绿、海蓝宝石等。

自然成因

绿柱石主要在花岗伟晶岩中形成，也常在砂岩和云母片岩中产生，常与锡和钨共生。

纯净无杂质者为无色，
甚至透明，
多数呈绿色，蓝色、
黄色、浅蓝色、玫瑰色和白色等

某些绿柱石有色带，
具有玻璃光泽，透明至半透明

产地区域

● 世界主要产地有奥地利、德国、爱尔兰、马达加斯加、乌拉尔山。南美洲的哥伦比亚是最著名的祖母绿产地，在石灰岩基中多有产出。此外，巴西、南非、美国也多有产出。
● 中国主要产地在西北地区。

（特征鉴别）

绿柱石熔点高，但熔化时边缘会产生小碎片。
底面不完全解理，贝壳状至参差状。
一轴晶，负光性，有玻璃光泽。
具有稀少的猫眼效应和星光效应。

成分：$Be_3Al_2(SiO_3)_6$ ｜ 硬度：7.5~8.0 ｜ 比重：2.7~2.9 ｜ 解理：不完全 ｜ 断口：贝壳状至参差状

电气石

电气石，又称碧玺、托玛琳石，是电气石族矿物的总称，因具有热电性及压电性而易带静电，故此得名。化学成分较为复杂，是一种以含硼元素为特征的铁、镁、铝、锂、钠元素的硅酸盐矿物，具有环状结构。主要的矿种有铁电气石、镁电气石和锂电气石等。

晶体通常呈柱状、六方柱、三柱、三方单锥，集合体呈棒状、细针状、放射状，致密块状或隐晶体状等

产地区域

● 世界产地以巴西和美国出产的电气石品质最优。

● 中国只有新疆阿勒泰、云南、内蒙古出产电气石。

主要用途

电气石通过物理或化学方法与其他材料复合，可制造多种功能材料，广泛应用于化工、电子、建材、轻工、环保和医药等，也可作为宝石。生活中多用于宝石饰品、建筑材料、水处理等。

同一晶体上会呈多种颜色，如红色、赤色、粉红色、黄色、绿色、蓝色、茶色、咖啡色、紫色、无色和黑色等

自然成因

电气石主要在花岗岩、伟晶岩及一些变质岩中形成，通常与锆石、绿柱石、长石、石英等共生。

溶解度

电气石不溶于任何酸性物质。

具有玻璃光泽，透明至不透明

特征鉴别

电气石熔点高。
有压电性、热电性、远红外辐射和释放负离子性等。

成分：$Na_3Al_6(BO_3)_3Si_6 \cdot O_{18}(OH, F)_4$　硬度：7.0~7.5　比重：3.0~3.2　解理：不清楚　断口：参差状至贝壳状

堇青石

　　堇青石，又称水蓝宝石，属于一种硅酸盐矿物。常见双晶，但完好的晶体在自然界中并不多见，颜色呈蓝色和蓝紫色的可作宝石。堇青石具有明显的多色性，在不同的方向会发出不同颜色。晶体内常见尖晶石、奎线石、锆石、磷灰石及云母等包裹体。

斜方晶系，
晶体通常呈假六方形的短柱状，
集合体呈块状和粒状

主要用途

堇青石耐高温、受热膨胀率低，可作为汽车净化器的蜂窝状载体材料。品质优、颜色美的常被当作宝石。

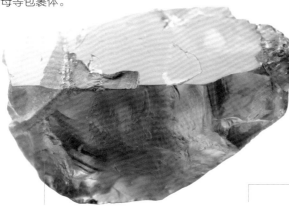

具有玻璃光泽，透明至半透明

颜色多呈浅蓝色或
浅紫色，也有黄白
色、浅黄色、浅褐色
或无色等

自然成因

堇青石主要在片麻岩、含铝量较高的片岩及蚀变的岩浆岩中形成，有时也在花岗岩中形成，常与红柱石、石榴子石、尖晶石、硅线石、刚玉和石英等共生。

溶解度

堇青石溶解性差。

产地区域

● 世界主要产地有美国、加拿大、德国、捷克、芬兰、挪威、瑞典、西班牙、塔吉克、马达加斯加、斯里兰卡、南非、澳大利亚、巴西、阿根廷、墨西哥、缅甸、坦桑尼亚等。
● 中国主要产地在台湾。

分类鉴别

堇青石按种类细分为三种，即铁堇青石、堇青石和血点堇青石。

特征鉴别

堇青石熔点低，具有星光效应、猫眼效应及砂金效应。

| 成分：$Mg_2Al_4Si_5O_{18}$ | 硬度：7.0~7.5 | 比重：2.53~2.78 | 解理：清楚 | 断口：贝壳状 |

斧石

　　斧石属三斜晶系，通常具有强三色性，光性特征为非均质体，二轴晶，负光性。晶体颜色多为紫色、粉红色、褐色、红褐色、紫褐色、紫色、褐黄色、蓝色等，条痕为无色。断口呈现贝壳状或阶梯状，断口有玻璃光泽。

主要用途

斧石可以加工成刻面宝石，因易破损，多用于收藏。

溶解度

斧石可缓慢溶解于氢氟酸溶液中，但需慎与盐酸接触。

自然成因

斧石主要在接触变质作用和交代作用中形成，通常与方解石、阳起石和石英等伴生。

三斜晶系，晶体通常呈板状，集合体呈块状和片状

具有玻璃光泽

透明至半透明

（特征鉴别）

斧石在紫外线下无荧光。
黄色品种在短波紫色线下会发出红色荧光。
新泽西产出的斧石在短波紫外线下具红色荧光，长波惰性。
坦桑尼亚产出的斧石在短波紫外线下具暗红色荧光，长波具橙红色荧光。

产地区域

● 主要产地有法国阿尔卑斯山和澳大利亚的塔斯马尼亚州，美国内华达州、斯里兰卡、坦桑尼亚等地也有产出。

| 成分：（Ca, Fe, Mn, Mg）$_3$Al$_2$BSi$_4$O$_{15}$（OH） | 硬度：6.0~7.0 | 比重：3.2~3.4 | 解理：良好 | 断口：参差状至贝壳状 |

透辉石

透辉石是一种含有钙和镁的硅酸盐矿物，是辉石中常见的一种。晶体颜色多为蓝绿色至黄绿色、黄色、绿色、褐色、紫色、灰色、白色或无色等，条痕为无色至浅绿色。有玻璃光泽，透明，非常美丽。

单斜晶系，
晶体通常呈柱状和粗短柱状

主要用途

透辉石一般可以用于陶瓷工业，若质地透明、色彩美丽，也可作宝石。

集合体呈粒状、
片状或长柱体

自然成因

透辉石主要在热液矿脉及岩浆活动中形成，在基性与超基性岩中广泛分布，也有部分在火成岩的镁铁质和超镁铁质岩石中产生，常与石榴石、硅灰石、符山石、方解石等共生。

产地区域

● 主要产地有缅甸、巴西、南非、印度、意大利、巴基斯坦，以及西伯利亚等。

特征鉴别

透辉石具有猫眼效应和星光效应；有磁性；在紫外线的照射下会发出蓝色、乳白色、橙黄色或浅紫色的荧光。

成分：$CaMgSi_2O_6$	硬度：5.5~6.0	比重：3.22~3.56	解理：完全	断口：参差状

硬 玉

硬玉，又称辉石玉、辉玉，是翡翠属的主要矿物，主要化学成分为二氧化硅、氧化钠、氧化钙、氧化镁和三氧化二铁。晶体在自然界中很少形成，质地坚密，颜色十分丰富，多为红色、粉红色、橙色、绿色、蓝色、紫色、褐色、黑色和白色等，其中以绿色为佳品。

主要用途

硬玉的类型多种多样，和软玉不同，硬玉常被用作雕刻材料。

晶面带有条纹

自然成因

硬玉主要在蛇纹岩化超基性岩以及某些片岩中形成，有时也在变质岩中产生。

晶体呈细长的小柱状，
集合体常呈粒状、柱状、纤维状及致密块状等

产地区域

● 主要产地有缅甸、日本和美国。

特征鉴别

矿物学上把玉分为软玉和硬玉两类，两者都属于链状矽酸盐类。硬玉于长波紫外线照射下，会发出暗淡的白色荧光。

成分：$Na（Al，Fe）Si_2O_6$	硬度：6.5~7.0	比重：3.33	解理：良好	断口：多片状

铁闪石

铁闪石是常见的变质矿物之一，是一种硅酸盐矿物，产于变质岩中，属于角闪石族矿物，成分中含有30%的镁闪石，另外还混有少量的铁和锰。晶体颜色常呈暗色至褐色，条痕则浅黄色，具有多色性。

主要用途

铁闪石在工业上有广泛应用，如水泥、纺织、过滤剂、石棉纸、电木和绝缘材料等。

溶解度

铁闪石不溶于任何酸性物质。

单斜晶系，晶体通常呈片状或纤维状

自然成因

铁闪石主要在接触变质岩中形成，常与角闪石共生，有时也在片岩和变粒岩中产生，与斜长石及普通角闪石共生。

集合体常呈针状、柱状和纤维状

特征鉴别

铁闪石呈玻璃或丝绢光泽，具有多色性，透明至半透明，断口呈贝壳状。
铁闪石的消光性质表现为纵切面斜消光，消光角随铁元素含量多少而改变。

成分：（Fe，Mg）$_7$Si$_8$O$_{22}$（OH）$_2$	硬度：5.0~6.0	比重：3.35~3.70	解理：中等	断口：贝壳状

透闪石

单斜晶系，晶体通常呈长柱状、针状或纤维状

透闪石是变种的角闪石，常含有铁元素。晶体为单斜晶体，常呈辐射状或柱状排列，有玻璃光泽或丝状光泽，颜色通常为无色、白色、灰色、浅灰色、浅绿色、粉红色、浅紫色或褐色等，条痕为无色。

主要用途

透闪石可以作为陶瓷和玻璃的原料、填料及软玉材料等。

自然成因

透闪石主要在接触变质灰岩、白云岩中形成，有时也在蛇纹岩中产生。也可由不纯灰岩、基性岩或硬砂岩等在区域变质作用下形成。

产地区域

● 世界著名产地有瑞士、意大利、奥地利和美国东部等。

集合体呈放射状或纤维状

特征鉴别

透闪石具有一定的荧光作用。
其品质鉴定最关键的是看色泽，优质透闪石细腻温润有油性。绺裂、瑕疵都有一定影响，也因瑕疵位置而定，可剔除则影响不大，无法剔除或影响全貌则严重影响其价值。

溶解度

透闪石不溶于酸。

成分：Ca$_2$（Mg，Fe）$_5$Si$_8$O$_{22}$（OH）$_2$	硬度：5.0~6.0	比重：2.9~3.2	解理：良好	断口：参差状至亚贝壳状

针钠钙石

针钠钙石是一种硅酸盐矿物，晶体颜色多为无色、白色及灰白色，条痕为白色，性质较脆。

自然成因

针钠钙石主要在基性喷出岩的杏仁体中形成，分布较为广泛，也常在橄榄岩、蛇纹岩及富钙的变质岩和矽卡岩中产生，与方解石、沸石、葡萄石和硅硼钙石等共生。

三斜晶系，晶体通常呈纤维状、球粒状、放射状及致密针状的集合体

具有玻璃光泽或丝绢光泽

产地区域

● 主要产地有美国、英国、德国、俄罗斯、加拿大、意大利、苏格兰、印度和南非等。

溶解度

针钠钙石溶于盐酸，同时分解析出硅胶。

成分：NaCa₂Si₃O₈（OH）	硬度：4.5~5.0	比重：2.74~2.88	解理：完全	断口：参差状

成分：$NaCa_2Si_3O_8(OH)$

滑 石

滑石属于一种层状结构的硅酸盐矿物，又名脱石、冷石、番石、液石，在自然界中较为常见，质地是所有已知矿物中最软的，并且具有滑腻的手感，柔软的滑石也可替代粉笔画出白色的痕迹。

主要用途

滑石的用途较为广泛，可作耐火材料、橡胶填料、绝缘材料、造纸、润滑剂、农药吸收剂、皮革涂料、雕刻用料及化妆材料等。

颜色多为白色、黄白色、浅灰色至浅蓝色等，若含有杂质则会呈各种颜色，条痕为白色

产地区域

● 中国辽宁有产出。

三斜晶系，晶体通常呈致密块状、片状、放射状或纤维状的集合体

自然成因

滑石主要由富镁矿物经热液蚀变而形成，常呈橄榄石、角闪石、透闪石、顽火辉石等假象。

（特征鉴别）

滑石若置于水中，则不会崩散；质地软，指甲可留下划痕；无味，无臭，具微凉感，绝热性及绝缘性较强。

成分：Mg₃Si₄O₁₀（OH）₂	硬度：1.0	比重：2.6~2.8	解理：完全	断口：参差状

成分：$Mg_3Si_4O_{10}(OH)_2$

硅灰石

硅灰石是一种典型的变质矿物，又称矽酸钙，属于一种单链硅酸盐矿物。晶体颜色多呈白色、灰白色、红色、黄色、浅绿色、粉红色、棕色等，条痕为白色。具有较好的绝缘性，吸油性和电导率都比较低，同时还有较高的耐热及耐候性能，具有致癌性。

主要用途

硅灰石广泛应用于造纸、陶瓷、水泥、橡胶、涂料、塑料、建材等领域；也可作为气体过滤材料和隔热材料；还可作为冶金的助熔剂等。

具有玻璃光泽，解理面呈珍珠光泽

三斜晶系，晶体通常呈细板状，集合体呈片状、放射状或纤维状

产地区域

● 主要产地有中国、印度、加拿大、美国、芬兰、南非、苏丹、墨西哥、土耳其、哈萨克斯坦、乌兹别克斯坦、塔吉克斯坦、纳米比亚等。

不透明

自然成因

硅灰石主要在酸性侵入岩与石灰岩的接触变质带中形成，偶尔有少量会在深变质的钙质结晶片岩、火山喷出物及某些碱性岩中产生。多与石榴石、符山石共生。

溶解度

硅灰石溶于浓盐酸。

特征鉴别

硅灰石白色微带灰色。产品纤维长易分离，含铁量低，白度高。

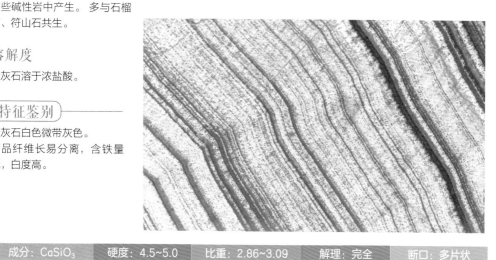

成分：$CaSiO_3$	硬度：4.5~5.0	比重：2.86~3.09	解理：完全	断口：多片状

柱星叶石

柱星叶石属于一种片状或层状的硅酸盐矿物，当成分中的锰元素含量过高时称为锰柱星叶石，而当成分中的钛被钒所替代则称为海神石。

自然成因

柱星叶石主要在蛇纹岩等中性深成岩中形成，常与霓石、钠沸石、蓝锥矿和硅钠钡钛石等共生。

产地区域

● 世界著名产地有美国加州、加拿大魁北克、俄罗斯、澳大利亚和丹麦等。

颜色通常为黑色、深红褐色，条痕为褐色和红褐色

单斜晶系，晶体通常呈柱状或片状，横截面呈正方形

溶解度

柱星叶石不溶于盐酸。

特征鉴别

柱星叶石加热不易熔化。

成分：KNa₂Li（Fe²⁺，Mn²⁺）₂Ti₂Si₈O₂₄	硬度：5.0~6.0	比重：3.19~3.23	解理：完全	断口：贝壳状

成分：$KNa_2Li(Fe^{2+}, Mn^{2+})_2Ti_2Si_8O_{24}$	硬度：5.0~6.0	比重：3.19~3.23	解理：完全	断口：贝壳状

纤蛇纹石

纤蛇纹石是一种石棉矿物，属于变种的蛇纹石，又称温石棉，通常是由硅氧四面体和氢氧化镁石八面体组成的双层型结构的三八面体硅酸盐矿物。因四面体层和八面体层不协调，形成了三种不同的结构及矿物，如平整结构的板状蛇纹石，交替波状结构的叶蛇纹石和卷曲状圆柱形结构的纤蛇纹石。

晶体常呈块状和纤维状的集合体，若呈纤维状，也可分离成柔软的纤维

主要用途

纤蛇纹石是一种较为安全的无机纤维材料，通常应用于建筑行业。

溶解度

纤蛇纹石溶于盐酸。

自然成因

纤蛇纹石主要在超基性岩蚀变成的蛇纹岩中形成。

颜色多为白色、灰色、黄色、绿色或棕色等

成分：$Mg_3Si_2O_5(OH)_4$	硬度：2.0~2.5	比重：2.56	解理：无	断口：参差状

硅孔雀石

硅孔雀石是一种水合铜元素的硅酸盐矿物，又称凤凰石。针状晶体较为罕见，颜色多为绿色和浅蓝绿色，含有杂质时则会呈褐色和黑色。

主要用途

硅孔雀石可以提炼铜，但不是主要的矿物原料，也可作装饰材料，还可药用。

特征鉴别

硅孔雀石遇火加热后，颜色会呈暗黑色。

常呈皮壳状、葡萄状、纤维状、钟乳状、土状或辐射状的集合体

自然成因

硅孔雀石主要在热液矿床中形成，多见于含铜矿床的氧化带中，常与自然铜、孔雀石、赤铜矿、蓝铜矿共生，也常与玉髓相伴而生。

陶瓷状外观，具有油脂光泽或玻璃光泽，土状者会呈土状光泽

产地区域

● 世界主要产地有美国、英国、俄罗斯、墨西哥、澳大利亚、捷克、以色列、赞比亚、纳米比亚、刚果、智利等。
● 中国主要产地有台湾等。

| 成分：（Cu，Al）$_2$H$_2$Si$_2$O$_5$（OH）$_4$·nH$_2$O | 硬度：2.0~4.0 | 比重：2.0~2.4 | 解理：无 | 断口：参差状至贝壳状 |

硅铍石

硅铍石是一种自然产生的硅酸铍矿物，比较罕见，因外形酷似水晶，有"似晶石"之称。

主要用途

硅铍石是提炼铍的矿物原料；因折射率极高，所以亮度也很高，颜色好、透明的可作宝石。

三方晶系，晶体通常呈菱面体或菱面体柱状，也呈细粒状的集合体

自然成因

硅铍石主要在伟晶岩、矽卡岩和热液矿脉中形成，还可在某些片岩中形成，常与绿柱石、磷灰石、金绿宝石、黄玉、云母和石英伴生。

颜色多为无色、浅红色、黄色或褐色等

产地区域

● 世界主要产地有俄罗斯乌拉尔、巴西米勒斯吉纳斯、纳米比亚克利因·斯比兹奇帕、坦桑尼亚乌刹加拉、美国缅因州和科罗拉多州和法国阿尔萨斯等。

特征鉴别

硅铍石光性特征为非均质体，一轴晶，正光性。放大检查可见各种包体。

溶解度

硅铍石不溶于酸。

| 成分：Be$_2$SiO$_4$ | 硬度：7.0~8.0 | 比重：2.93~3.00 | 解理：清楚 | 断口：贝壳状 |

叶蜡石

叶蜡石，又称寿山石、青田石、丰顺石等，是一种含有羟基的层状铝奎酸盐矿物，也是黏土矿物的一种。至今未发现完整独立的晶体，晶体颜色多呈白色，含杂质时会呈黄色、淡黄、淡蓝、浅绿、灰绿、褐绿、浅褐等，条痕呈白色。

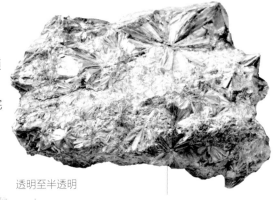

透明至半透明

单斜晶系，晶体通常呈扁长板状，也呈致密块状、片状、纤维状和放射状的集合体

自然成因

叶蜡石主要在火山岩的交代矿床及结晶状的片岩中形成，常与滑石、天蓝石、硅线石和红柱石共生；也可在热液矿脉中形成，与云母、石英等共生。

主要用途

叶蜡石应用较广泛，可作耐火材料、陶瓷、电瓷、坩埚和玻璃纤维等；因具有低铝高硅的特性，也可用来生产耐碱砖。

溶解度

叶蜡石不溶于大多数酸，高温下能被硫酸分解。

具有玻璃光泽或油脂光泽，新鲜断面呈珍珠光泽

特征鉴别

叶蜡石遇火加热时会成片剥落，触摸时会有油脂感，同时具有较好的耐热性和绝缘性。

| 成分：$Al_2Si_4O_{10}$（OH）$_2$ | 硬度：1.0~2.0 | 比重：2.65~2.90 | 解理：完全 | 断口：参差状 |

白云母

　　白云母是云母类矿物的一种，又称云母、普通云母或钾云母，属于层状构造的硅酸盐，与黑云母同为云母族矿物。它在自然界中分布很广，在各种地质环境中都可以形成。是良好的电绝缘体和热绝缘体。因为能大量出产，所以具有重要的经济价值。

主要用途

白云母可作为电气设备和电工器材等；还可作为日用化工原料、云母陶瓷原料、油漆添料、塑料和橡胶添料、建筑材料；用于焊条药皮的保护层和钻井泥浆添加剂等。

产地区域

● 中国主要产地有内蒙古、新疆、青海、四川、河南、陕西等。

溶解度

白云母不溶于酸。

单斜晶系，晶体通常呈六方片状，集合体呈大板块状、六方晶体、细粒状、片状或鳞片状

具有玻璃光泽至丝绢光泽，断面呈珍珠光泽

自然成因

白云母主要在岩浆岩及花岗岩类的酸性岩中形成，也可在变质岩和沉积岩中产生。

（特征鉴别）

白云母具有绝缘性，耐高温。呈透明状，有玻璃光泽至丝绢光泽，颜色从无色到浅彩色多变。单斜晶系，薄片，具有弹性。

颜色多为无色至白色，也呈浅黄色、浅绿色或浅棕色，条痕呈无色

成分：$KAl_2(Si_3Al)O_{10}(OH,F)_2$	硬度：2.5~3.0	比重：2.76~3.1	解理：完全	断口：参差状

锂云母

锂云母是一种较为常见的锂矿物，又称鳞云母，常含有铷、铯等元素。同时属于钾和锂的基性铝硅酸盐，是云母类矿物中的一种。呈短柱体，底面解理极完全，小薄片集合体或大板状晶体，颜色为紫色和粉色，并可浅至无色，具珍珠光泽。

单斜晶系，晶体通常呈板状，也呈短柱状、细鳞片状的集合体

主要用途

锂云母是提炼锂的重要矿物原料，也可用来提炼铷和铯，同时也是氢弹、火箭、核潜艇和新型喷气飞机的重要燃料。

在军事方面可用作信号弹、照明弹的红色发光剂以及飞机用的稠润滑剂。

在冶金方面主要用于制作锂制轻质合金和金属制品的纯净剂。

自然成因

锂云母主要在花岗伟晶岩中形成，也常在云英岩和高温热液矿脉中产生。

颜色多呈紫色至粉红色，有时也呈浅色至无色等

溶解度

锂云母不溶于酸，而熔化后会受酸类物质影响。

具有珍珠光泽或玻璃光泽

特征鉴别

锂云母熔点低，熔化时会发泡，并生成深红色的锂焰。
一般只产在花岗伟晶岩中。

成分: $K(Li, Al)_3(Si, Al)_4O_{10}(F, OH)_2$	硬度: 2.0~3.0	比重: 2.8~2.9	解理: 完全	断口: 参差状

蛭石

蛭石是一种含有镁元素和铝元素的硅酸盐次生变质矿物，天然、无机、无毒，因形状与水蛭相似而得名。晶体在自然界中比较少见，外形与云母较为相似。

主要用途

蛭石可广泛用于绝热材料、防火材料、育苗种花、电绝缘材料、涂料、板材、油漆、橡胶、耐火材料、冶炼、建筑等工业。

自然成因

蛭石主要在黑云母和金云母经低温热液蚀变作用下形成，有时也由黑云母经过风化作用缓慢形成，通常与石棉一起产生。

产地区域

● 世界主要产地有俄罗斯、南非、澳大利亚、津巴布韦和美国等。
● 中国分布较多，主要有新疆、内蒙古、辽宁、甘肃、山西、陕西、河北、河南、四川、湖北等。

单斜晶系，晶体通常呈扁平状

具有油脂光泽或珍珠光泽，半透明

颜色多为褐色、黄褐色、金黄色、绿色或青铜色等，条痕为淡黄色，加热后会变成灰色

溶解度

蛭石不溶于水。

特征鉴别

蛭石在灼烧后体积会膨胀数倍，膨胀蛭石具有良好的电绝缘性、吸水性以及耐火性。

成分：$(Mg, Fe, Al)_3 (Al, Si)_4 O_{10} (OH)_2 \cdot 4H_2O$　硬度：1.0~1.5　比重：2.4~2.7　解理：完全　断口：参差状

黑云母

　　黑云母属于云母的一种，主要为硅酸盐矿物，含有硅、镁、钾、铝等矿物元素。晶体具有弹性，硬度小于指甲，易撕成碎片，其光学性质和力学性质都与白云母相似，但黑云母因铁元素含量高，绝缘性能较差。

主要用途

黑云母的应用较为广泛，常应用于建材、消防、造纸、沥青纸、塑料、橡胶、灭火剂、电焊条、电绝缘、珠光颜料等化工工业。

颜色多呈黑色、红棕色和深褐色，有时也呈浅红、浅绿等，
含钛呈浅红褐色，含铁呈绿色，
条痕为白色略带浅绿色

自然成因

黑云母主要在变质岩、花岗岩中形成，也会在其他的岩石中产生，特别是酸性或偏碱性的岩石中。

晶体通常呈板状或柱状，
集合体呈鳞片状

产地区域

● 中国主要产地有新疆、内蒙古、四川、河北、山西、辽宁、吉林、黑龙江、山东、河南、陕西、青海、云南和西藏等。

溶解度

黑云母溶于沸硫酸，得到乳状溶液。

具有玻璃光泽，
解理面呈珍珠
光泽，透明至
半透明

特征鉴别

黑云母受热后会微带磁性，带有极高的电绝缘性。易被强酸腐蚀，同时会造成脱色现象。

| 成分: $K(Mg,Fe)_3(Al,Si_3)O_{10}(OH,F)_2$ | 硬度: 2.5~3.0 | 比重: 3.02~3.12 | 解理: 完全 | 断口: 参差状 |

葡萄石

葡萄石属于一种硅酸盐矿物，质感与金水菩提相似，只是硬度和光学效应会较差，具有脆性。晶体颜色常见为绿色，以黄金色最为珍贵稀有，具有纤维状结构，呈放射状排列。

斜方晶系，晶体通常呈片状、块状、板状、葡萄状、肾状或放射状的集合体

主要用途

葡萄石若质地通透、颜色漂亮可作宝石，这种宝石被称为好望角祖母绿。

自然成因

葡萄石是一种经热液蚀变而形成的次生矿物，主要在玄武岩和其他基性喷出岩的气孔和裂隙中形成，通常与沸石类矿物、方解石、硅硼钙石和针钠钙石等伴生。若部分火成岩发生变化，内部的钙斜长石也会转变为葡萄石。

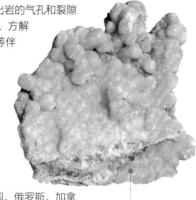

具有玻璃光泽，透明至半透明

颜色多呈浅绿色至灰色，也呈浅黄色、肉红色、白色等，条痕呈白色

产地区域

● 世界著名产地有美国、法国、俄罗斯、加拿大、德国、意大利、苏格兰、葡萄牙、奥地利、瑞士、南非、巴基斯坦、纳米比亚、印度、澳大利亚以及日本等。
● 中国主要产地在四川。

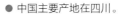

特征鉴别

葡萄石加热后熔解，会发泡，生成白色玻璃状。
有时会具有猫眼效应。

成分：$Ca_2Al_2Si_3O_{10}(OH)_2$ | 硬度：6.0~6.5 | 比重：2.90~2.95 | 解理：中等至完全 | 断口：参差状

鱼眼石

鱼眼石属于一种氟化物硅酸盐矿物，主要成分是钾元素和钙元素，同时与沸石的结构相似。晶柱状、板状晶体，假立方晶体。具有多色性，颜色深浅不一，通常为白色、无色、浅黄色、紫色、粉红色或灰色等。

有时会形成晶簇

四方晶系，
晶体通常呈立方体、柱状、板状、假立方晶体或金字塔状

自然成因

鱼眼石主要在玄武岩、片麻岩、花岗岩中形成，时常与沸石共生。

溶解度

鱼眼石溶于盐酸。

主要用途

鱼眼石具有安定的功效，对消除负面情绪有辅助作用，可有效缓解压力。
鱼眼石有调节的功效，可以促进再生，缓解疲劳。
鱼眼石还有美容养颜的功效。

具有玻璃光泽至珍珠光泽，透明至不透明

产地区域

● 主要产地有英国、意大利、澳大利亚、印度、巴西和捷克等。

（特征鉴别）

鱼眼石遇火燃烧，火焰呈紫罗兰色。
在密闭的试管内加热，会释放出水/水蒸气。放大检查可见气液包体。
光性特征为非均质体，一轴晶，负光性，透明的鱼眼石晶体非常闪亮。

成分：$KCa_4Si_8O_{20}(F，OH)·_8H_2O$　　硬度：4.5~5.0　　比重：2.3~2.5　　解理：完全　　断口：参差状

微斜长石

微斜长石属于碱性长石矿物，是含有钾和铝的硅酸盐，在自然界中较为常见。

晶体颜色多为白色、红色、灰色至米黄色等，性质也较脆。

三斜晶系，
晶体通常呈短柱状，
集合体呈块状

自然成因

微斜长石主要在酸性和中性侵入岩中广泛分布，是伟晶岩岩脉的主要成分，通常与霞石钠长石、石英和云母等共生。

主要用途

微斜长石可用来提炼铷和铯；还有一种呈绿色的变种，名为天河石，可作宝石，也可作戒面、雕刻工艺品或翡翠的代用品。

白微斜长石和灰微斜长石可用于生产陶瓷釉。

佩戴微斜长石有安神，缓解失眠，舒缓颈骨和脊骨疼痛的作用，孕妇佩戴有安胎作用。

具有玻璃光泽，新鲜断面呈珍珠光泽

透明至半透明

溶解度

微斜长石只溶于氢氟酸，但必须小心使用。

产地区域

● 世界主要产地有美国、加拿大和巴西等。

● 中国主要产地有四川、江苏、云南和内蒙古等。

(特征鉴别)

微斜长石遇火灼烧时不熔。色调不均，有玻璃光泽。

成分：$KAlSi_3O_8$	硬度：6.0~6.5	比重：2.54~2.57	解理：完全	断口：参差状

151

培斜长石

培斜长石属于斜长石的一种，也称培长石，主要是由钠长石和钙长石组成的类质同象系列。

晶体常见为聚片双晶，颜色多呈白色至灰白色，又呈浅绿色、浅蓝色、浅棕色或者无色等。

自然成因

培斜长石是许多岩浆岩的重要组成部分，例如玄武岩、粗玄岩、斜长岩、辉长石和苏长石等。也见于某些变质岩中，例如由区域变质作用形成的片岩和片麻岩。

三斜晶系，
晶体通常呈板状或柱状，
集合体呈致密状、柱状、块状、板状或粒状

条痕呈白色，
具有玻璃光泽，半透明至透明

溶解度

培斜长石溶于盐酸。

| 成分：（Na，Ca）Al₁-2Si₃-2O₈ | 硬度：6.0~6.5 | 比重：2.72~2.74 | 解理：完全 | 断口：参差状至贝壳状 |

成分：$(Na,Ca)Al_{1-2}Si_{3-2}O_8$　硬度：6.0~6.5　比重：2.72~2.74　解理：完全　断口：参差状至贝壳状

绿泥石

绿泥石，又称碧石，是一种含水的层状铝硅酸盐矿物，是主要的黏土矿物之一。其种类约有十种，含有铬离子的称铬绿泥石。颜色多为浅绿色至深绿色、深灰色等，因含铁量而呈深浅不一的绿色，条痕同色。石肌通常呈凹凸、扭转、不规则突球状。石形多变，有动物、山、湖、岛屿等。

主要用途

绿泥石若颜色发紫，可用作装饰物和工艺品。

产地区域

● 世界主要产地有俄罗斯克瓦依萨矿床。
● 中国主要产地有辽宁岫岩、青海祁连、四川江油、西藏北部以及台湾花莲七星潭。

斜晶系或三斜晶系，
晶体通常呈板状、粒状、块状或六方片状

自然成因

绿泥石主要在中、低温热液作用，浅变质作用或沉积作用中形成，如千枚岩、片岩及伟晶岩中，常与蓝晶石、绿泥石、石榴子石、十字石和白云母等伴生。

(特征鉴别)

绿泥石硬度较高，解感佳。
具有挠性，薄片可弯曲，但易折断，无弹性。

成分：$K(Fe^{2+},Mg,Fe^{3+})_8(Si,Al)_{12}(O,OH)_{27}$　硬度：2.0~2.5　比重：2.6~3.3　解理：完全　断口：参差状

透长石

透长石属于一种长石族矿物，是正长石的变种，主要成分为钾长石，也常含钠长石分子。颜色多样，为无色、白色、褐色、绿色、蓝绿色和灰黑色等，主要与所含的微量成分及包裹体相关。

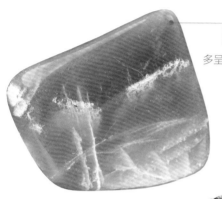

多呈双晶状

单斜晶系，
晶体通常呈柱状或板状

主要用途

透长石若质地透明、颜色均匀，可作为宝石。

自然成因

透长石主要在低温热液矿床中形成，主要见于石英二长安岩、响岩、粗面岩、钾质流纹岩和中酸性凝灰岩中，常呈斑晶产生。

溶解度

透长石不溶于大部分酸，可完全溶于氢氟酸。

产地区域

● 主要产地有美国、德国、缅甸、印度、肯尼亚、斯里兰卡、澳大利亚、马达加斯加、坦桑尼亚和巴西等。

具有玻璃光泽，断面呈珍珠光泽，透明至不透明

特征鉴别

透长石通常无色，透明如水，光轴角接近一轴晶。与冰长石相似，但冰长石具有大得多的光轴角。透长石在酸性火山岩中时，呈无色透明，或白色的玻璃状透明晶体。

成分：$KAlSi_3O_8$	硬度：6.0~6.5	比重：2.56~2.62	解理：完全	断口：贝壳状至参差状

正长石

　　正长石是一种硅酸盐矿物。晶体颜色多呈无色或白色，也呈浅红色、浅黄色、黄褐色、灰色和绿色等，条痕呈白色。单斜晶系，晶体呈短柱状或厚板状，常见双晶为卡斯巴双晶，粒状或块状集合体也很常见。

单斜晶系，
晶体通常呈厚板状或短柱状，
集合体呈粒状、块状或片状

主要用途

正长石主要的宝石品种为月光石和黄色透明正长石；可用于制取钾肥；同时也是陶瓷业和玻璃业的主要原料，也用作绝缘电瓷和瓷器釉药的材料。

自然成因 ——

正长石在酸、碱性的岩浆岩以及火山碎屑岩中广泛分布，也常见于花岗混合岩、钾长片麻岩、长石砂岩和硬砂岩中。若风化，则会变成高岭土。

双晶体较
为常见

具有玻璃光泽至
珍珠光泽，半透
明至透明

产地区域

● 主要产地有马达加斯加、斯里兰卡、格陵兰等。

溶解度

正长石不溶于钾盐和任何酸。

特征鉴别

正长石呈透明至不透明状，有玻璃光泽，解理呈珍珠光泽。

| 成分：$KAlSi_3O_8$ | 硬度：6.0~6.5 | 比重：2.55~2.63 | 解理：完全 | 断口：参差状至贝壳状 |

青金石

　　青金石是一种硅酸盐矿物，在中国古代称为青黛、金精、瑾瑜、璆琳。成分中的钠元素常被钾元素所置换，硫也会被硫酸根、硒和氯所代替。晶体颜色较为独特，通常呈深蓝色、天蓝色、绿蓝色、紫蓝色等，条痕呈浅蓝色。通常以色泽均匀无裂纹，且质地细腻无金星为佳品。

主要用途

　　青金石若呈纯深蓝色、质地细腻且无裂纹和杂质，可作装饰品。也可作天然的蓝色颜料。

等轴晶系，
晶体通常呈立方体、八面体或十二面体，
极为少见，
集合体呈致密块状、粒状

溶解度

青金石溶于盐酸。

自然成因

青金石主要在高温变质的石灰岩中形成，多见于接触交代的矽卡岩型矿床中。

具有玻璃光泽至油脂光泽，半透明至不透明

颜色较为独特，通常呈深蓝色、天蓝色、绿蓝色、紫蓝色等，条痕呈浅蓝色

产地区域

● 主要产地有美国、加拿大、缅甸、智利、印度、阿富汗、蒙古、巴基斯坦和安哥拉等。

（ 特征鉴别 ）

青金石具有荧光性。
与盐酸发生化学反应时会缓慢释放出硫化氢。

成分：（Na，Ca）$_{7-8}$（Al，Si）$_{12}$O$_{24}$[（SO$_4$），Cl$_2$（OH）$_2$] ｜ 硬度：5.0~5.5 ｜ 比重：2.4~2.5 ｜ 解理：不完全 ｜ 断口：参差状

方钠石

方钠石是一种含有氯化物的硅酸盐矿物，同时也属于似长石类矿物，因与青金石的颜色相似，也称加拿大青金石或蓝纹石。晶体在自然界中极为罕见，多晶结构，性质较脆。颜色多呈蓝色，也有少数呈白色、红色、绿色、紫色和灰色等，条痕为白色或浅蓝色。

主要用途

方钠石若质地透明可磨制翻型宝石，若不透明可作青金石的代用品。

等轴晶系，
晶体通常呈立方十二面体、菱形十二面体和八面体

溶解度

方钠石溶于盐酸。

自然成因

方钠石主要在富钠贫硅的碱性岩中形成，多见于粗面岩、响岩和霞石正长岩等，也常在接触变质的矽卡岩中产生，通常与锆石、霞石、长石、白榴石等共生。

产地区域

● 主要产地有美国、德国、加拿大、俄罗斯、意大利、格陵兰、挪威、印度、朝鲜和玻利维亚等。

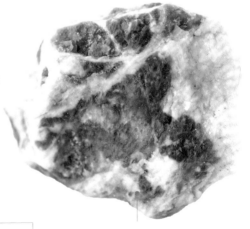

半透明至不透明

集合体呈块状、粒状或结核状

特征鉴别

方钠石加热熔化有气泡产生，变成无色玻璃状。若加入硝酸和硝酸银，会有白色的氯化银沉淀。在紫外线照射下呈橙色或橙红色的荧光。

成分：$Na_8Al_6Si_6O_{24}Cl_2$ | 硬度：5.5~6.0 | 比重：2.14~2.40 | 解理：中等 | 断口：参差状至贝壳状

霞 石

六方晶系，
晶体通常呈六方短柱状或厚板状，
也呈致密块状或粒状的集合体

霞石是一种硅酸盐矿物，含有铝和钠，是自然界中最常见和最主要的似长石矿物，因断裂处呈油脂光泽，又称脂光石。晶体常呈似单晶的双晶，颜色多为无色或灰白色，含有杂质时会呈浅红色、浅黄色、浅绿色、浅褐色及灰色等，条痕为无色或白色。

主要用途

霞石主要可以作为提炼铝的矿物原料，也常用于制作玻璃和陶瓷等。

具有玻璃光泽，新鲜断面呈油脂光泽

自然成因

霞石主要在与正长石有关的侵入岩、火山岩及伟晶岩中形成，通常与碱性辉石、含钠的碱性长石和碱性角闪石等共生。

产地区域

● 世界著名产地有瑞典、挪威、罗马尼亚、肯尼亚、俄罗斯的科拉半岛和伊尔门山。

（特征鉴别）

将霞石加入盐酸煮沸后，残渣中会出现胶状物。

霞石极易与碱性长石、石英混淆。刚出产的霞石不易用肉眼识别，断口具油脂光泽，无完好解理，可与长石区别。霞石多有染色斑点，易风化，可与石英区别。

成分：（Na，K）AlSiO$_4$	硬度：5.5~6.0	比重：2.55~2.66	解理：无	断口：贝壳状

钠沸石

斜方晶系，
晶体通常呈针状、细长玻璃状或纤维状，
晶面有垂直条纹

钠沸石属于沸石类，主要是含水的钠铝硅酸盐矿物。属于斜方晶系，呈针状，柱面结晶带上有垂直条纹，多为放射状晶簇，有角锥状、纤维状、块状、粒状以及致密状，晶体颜色多为无色或白色，也有少数呈黄色至红晕色，条痕为白色。

主要用途

钠沸石是工业、农业、国防和尖端科学技术领域的重要原料，也可作为水产养殖中的水质、池塘底质净化改良剂和环境保护剂等。

产地区域

● 世界著名产地有捷克波西米亚的奥息格和赛雷榭，美国新泽西州的伯治丘，法国的普伊秋以及意大利特伦提诺的瓦迪法沙等。

自然成因

钠沸石主要在玄武岩的岩洞或缝隙中形成，常与其他沸石、方解石、角闪石、霓辉石、钠长石和石英等共生。

集合体呈致密状、块状、粒状、纤维状或角锥状，也呈放射状晶簇

（特征鉴别）

钠沸石熔点低，燃烧熔化后呈透明珠体。

具有一个方向的优良解理，因矿物晶体太小而不易辨别。晶体呈透明至半透明，有玻璃光泽。

钠沸石与钙沸石相似，但钙沸石具有单斜对称性。

成分：Na$_2$Al$_2$Si$_3$O$_{10}$·2H$_2$O	硬度：5.0~5.5	比重：2.20~2.26	解理：完全	断口：参差状

辉沸石

辉沸石属于沸石的一种，是自然产生的含水架状构造的铝硅酸盐矿物。单独的晶体在自然界中较为罕见，具有玻璃光泽或珍珠光泽，半透明至透明。晶体内部含有许多大小不一的开放性的空洞和通道，具有极大的表面积，因此具有广泛的应用前景。

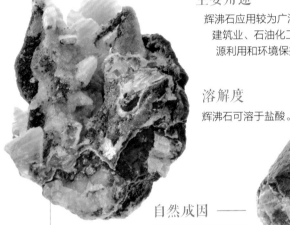

主要用途

辉沸石应用较为广泛，常用于农业、建筑业、石油化工、畜禽饲养、能源利用和环境保护等领域。

颜色多呈白色，也有的呈浅红色、浅黄色或淡褐色等

溶解度

辉沸石可溶于盐酸。

自然成因

辉沸石主要在玄武岩质的火山岩裂隙或气孔中形成，也有少量在变质岩、浅成岩或深成岩中产生，常与片沸石、方解石及其他沸石矿物共生。

单斜晶系，
晶体通常呈平行板状，
集合体呈球状、片状或
放射状

特征鉴别

晶体有许多大小均一的孔道和孔穴，孔道和孔穴由阳离子与水分子占据。沸石有吸附和离子交换性能。

条痕呈无色

产地区域

● 主要产地有美国、加拿大、印度、冰岛、苏格兰以及挪威等。

成分：$NaCa_2Al_5Si_{13}O_{36}·14H_2O$	硬度：3.5~4.0	比重：2.09~2.20	解理：完全	断口：参差状

钠长石

钠长石是一种含有钠元素的铝硅酸盐，属于常见的长石矿物，架状硅酸盐结构，其中钙长石的含量低于 10%，同时也是斜长石固溶体系列的钠质矿物。晶体颜色多呈白色或无色，也呈红色、蓝色、浅蓝色、浅绿色、灰色或黑色等。

三斜晶系，晶体通常呈脆性玻璃状或扁平板状，也呈粒状、块状或片状的集合体，条痕呈白色

主要用途

钠长石主要可用来制作玻璃和陶瓷，也可用作瓷砖、地板砖、肥皂、磨料磨具等，在陶瓷方面主要应用于釉料。

自然成因

钠长石主要在伟晶岩和长英质岩中形成，常见于花岗岩中，有时也在低级变质岩中产生。

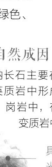

具有玻璃光泽至珍珠光泽，半透明至透明

产地区域

● 世界主要产地有瑞典等。
● 中国主要产地在湖南衡阳等。

特征鉴别
钠长石熔点高，燃烧时火焰呈黄色。

成分：$NaAlSi_3O_8$	硬度：6.0~6.5	比重：2.61~2.64	解理：清楚	断口：参差状

海泡石

海泡石属于一种含水的硅酸镁矿物，主要原料为海泡石粉，纯天然、无味、无毒、无石棉、无放射性元素，具有非金属矿物中最大的比表面积和独特的内容孔道结构，晶体为层链状结构，触感光滑，并且会黏手。同时有在吸水后会变得柔软、干燥后又会变硬的特点。

通常呈土状、块状或纤维状的集合体，有时会呈奇怪的皮壳状或结核状

主要用途

海泡石是世界上用途最为广泛的矿物原料之一，多达 130 种，多用于化工、建筑、酿造、铸造、陶瓷、塑料、医药、农业和国防现代科学等领域。

自然成因

海泡石主要在沉积作用或蛇纹岩蚀变中形成，常与石棉共生。

颜色多呈淡白色或灰白色，也呈浅黄色、浅灰色、玫瑰红、浅蓝绿色、黄褐色等

产地区域

● 主要产地有湖南浏阳、湘潭，江西乐平，河北唐山等。

特征鉴别
海泡石质地较脆，耐磨性较好。

溶解度

海泡石溶于盐酸。

成分：$Mg_4Si_6O_{15}(OH)_2 \cdot 6H_2O$	硬度：2.0~2.5	比重：1.0~2.3	解理：未定	断口：参差状

高岭石

高岭石属于一种含水的铝硅酸盐，又名高岭土、瓷土，是一种黏土矿物，因在江西景德镇的高岭村发现而得名。晶体颜色多为白色，含杂质时会呈红色、浅红色、浅黄色、浅绿色、浅蓝色或浅灰色，条痕呈白色。具有粗糙感，干燥时有吸水性，湿润时有可塑性，遇水不膨胀，硬度也较小。

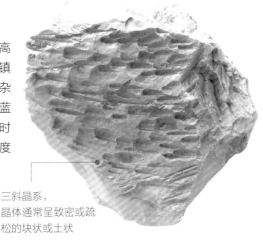

三斜晶系，
晶体通常呈致密或疏松的块状或土状

自然成因

高岭石主要在长石、普通辉石和铝硅酸盐矿物于风化作用中形成，有时也在低温热液交代作用下产生，常见于岩浆岩和变质岩的风化壳中。

具有油脂光泽或者暗淡光泽，透明至半透明

主要用途

高岭石可用作陶瓷、造纸、耐火材料的原料，也可用于橡胶和塑料的填料，还可用于合成沸石分子筛以及日用化工产品的填料等。

集合体呈片状、放射状或鳞片状等

产地区域

● 世界著名产地有法国的伊里埃、美国的佐治亚、英国的康沃尔和德文等。
● 中国主要产地有江苏苏州、江西景德镇、河北唐山和湖南醴陵等。

（特征鉴别）

高岭石在密闭试管内加热会失去水；灼烧后，可与硝酸钴发生反应呈蓝色。

| 成分：$Al_2Si_2O_5(OH)_4$ | 硬度：2.0~2.5 | 比重：2.16~2.68 | 解理：完全 | 断口：平坦状 |

锂辉石

锂辉石是一种辉石族矿物，是主要含锂元素的矿物之一，同时还含有微量的钙、镁等元素，偶尔还有铬、铯、氦和稀土等混入，又称为2型锂辉石。晶体的多色性较强，多呈灰白色、浅绿色、黄绿色、灰绿色、粉红色、紫色或蓝色等，条痕为无色。

晶面带有条纹

主要用途

锂辉石是锂化学制品的原料，常应用于锂化工、玻璃和陶瓷等行业，有"工业味精"的美称。因色彩多样，还可以用来制作手链、项链或衣服配饰等。

单斜晶系，
晶体通常呈粒状、短柱状或板状，
集合体呈板状或棒状，有时也呈
致密的隐晶块体

自然成因

锂辉石主要在富含锂的花岗伟晶岩中形成，常与石英、钠长石、微斜长石等共生。

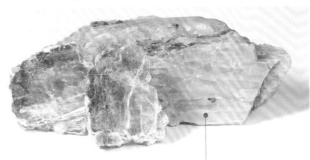

具有玻璃光泽，断面微
带珍珠变彩，
透明至微透明

产地区域

● 世界主要产地有巴西、马达加斯加、美国等。
● 中国主要产地在新疆等。

（特征鉴别）

锂辉石遇热或在紫外线照射下会变色，在阳光下会失去光泽。

| 成分：$LiAlSi_2O_6$ | 硬度：6.5~7.0 | 比重：3.0~3.2 | 解理：完全 | 断口：参差状 | 161 |

蓝锥矿

　　蓝锥矿属于一种含有钡元素和钛元素的硅酸盐矿物，又称硅钡钛矿。晶体结构中有较多由三个硅氧四面体组成的环，而环与环之间连接着钡氧多面体和钛氧八面体，属六方晶系中的复三方双晶族，双晶在自然界中极为罕见。

主要用途

蓝锥矿具有鲜明亮丽的外观，但宝石通常很小，多用于收藏。

自然成因

蓝锥矿主要在蛇纹岩中形成，常与钠沸石、柱晶石等共生。

六方晶系，
晶体通常呈板状和柱状

产地区域

● 主要产地有美国的加州圣贝尼托县和阿肯色州，日本的新潟县糸鱼川市青海和东京都奥多摩町等。

多为浅蓝色、深蓝色、紫色或无色等

特征鉴别

蓝锥矿在短波紫外线的照射下会发出蓝色至蓝白色的荧光，而无色稀有的蓝锥矿在长波紫外线照射下，则会发出暗淡的红光。

成分：$BaTiSi_3O_9$	硬度：6.5	比重：3.68	解理：不完全	断口：贝壳状

符山石

　　符山石属于一种岛状结构的硅酸盐矿物，又称山石玉、符山玉、加州玉、金翠玉。晶体颜色一般呈黄绿色、棕黄色、浅蓝色至绿蓝色、灰色和白色等；含铬元素会呈绿色；含钛和锰会呈红褐色或粉红色；含有铜会呈蓝色至蓝绿色。

主要用途

符山石若颜色美丽、质地透明，也可作宝石以及收藏。

溶解度

符山石不溶于酸。

四方晶系，
晶体通常呈柱状

产地区域

● 世界主要产地有美国、挪威、意大利、加拿大、俄罗斯、缅甸、肯尼亚和阿富汗等。
● 中国主要产地有河北邯郸、新疆玛纳斯等。

呈致密块状、粒状、棒状和放射状的集合体

自然成因

符山石主要在花岗岩和石灰岩接触交代的矽卡岩中形成，常与透辉石、石榴石和奎灰石等共生。

成分：$Ca_{10}Mg_2Al_4(SiO_4)_5(Si_2O_7)_2(OH)_4$	硬度：6.5~7.0	比重：3.32~3.47	断口：参差状至贝壳状

黝帘石

黝帘石属于一种帘石族矿物，和斜黝帘石同质异样，含有的铝元素常被铁置换，偶尔还会有钡、锰等元素。晶体颜色多为无色或者白色，也有红色、蓝色、绿色、棕黄色、黄色和灰色等。

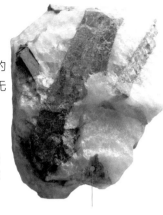

主要用途

黝帘石若色泽美丽、质地透明，可作为宝石，其中以坦桑石最为著名。

自然成因 ———

黝帘石主要在变质岩、沉积岩以及花岗岩中形成，有时也在热液蚀变作用下产生。

产地区域

● 主要产地有坦桑尼亚、挪威、肯尼亚、奥地利、意大利、澳大利亚西部以及美国卡罗来纳州等。

斜方晶系，
晶体通常呈柱状，
集合体呈粒状、块状或棒状

晶面带有纵纹

溶解度

黝帘石不溶于酸。

| 成分：$Ca_2Al_3(SiO_4)(Si_2O_7)_3(OH)$ | 硬度：6.0~7.0 | 比重：3.10~3.55 | 解理：不完全 | 断口：贝壳状至参差状 |

中沸石

中沸石是一种硅酸盐矿物。单斜晶系，晶体通常呈针状或纤维状，集合体呈致密块状、球粒状或放射状等。晶体颜色多为无色或白色，也呈淡黄色至红色等。具有透明的玻璃光泽或丝绢光泽。

自然成因 ———

中沸石主要在玄武岩等喷出岩气孔中形成，常与其他沸石共生。

单斜晶系，
晶体通常呈针状或纤维状

集合体呈致密块状、球粒状或放射状，
具有玻璃光泽或丝绢光泽，透明

溶解度

中沸石溶于酸，同时会产生凝胶。

特征鉴别

中沸石若置于密闭的试管内加热，可释放出水／水蒸气。

| 成分：$Na_2Ca_2Al_6Si_9O_{30} \cdot 8H_2O$ | 硬度：5.0 | 比重：2.2~2.3 | 解理：完全 | 断口：参差状 |

方沸石

方沸石是一种含水的钠铝硅酸盐矿物，在自然界中较为常见，属于似长石矿物的一种，也可归为沸石类。晶体颜色多为无色，也有白色、红色、粉红色、黄色、绿色或灰色等，条痕为白色。

等轴晶系，晶体通常呈变立方体、偏方三八面体和二十四面体

主要用途

方沸石主要应用于农牧业、环境保护和建材等领域，也可用来生产离子筛及橡塑助剂、硅铝化合物、土壤改良剂、杀菌剂、重金属提取剂和特殊氧化剂等。

自然成因

方沸石主要在花岗岩、玄武岩、片麻岩、辉绿岩及洞穴中形成，也常见于碱性湖底沉积。

溶解度

方沸石溶于酸。

呈块状、粒状和致密状的集合体

产地区域

● 主要产地有挪威、意大利、苏格兰、北爱尔兰、冰岛和格陵兰等。

特征鉴别

方沸石熔点低，燃烧时火焰呈黄色，若置于密闭的试管内加热，会释放出水/水蒸气。

| 成分：$NaAlSi_2O_6 \cdot H_2O$ | 硬度：5.0~5.5 | 比重：2.22~2.29 | 解理：不完全 | 断口：亚贝壳状至贝壳状 |

蓝线石

蓝线石是一种酸盐矿物，因外观与青金石、方钠石等相同，故常作为青金石的仿制品。晶体在自然界中较为罕见，颜色多为蓝色，也有粉红色、紫罗兰色或棕色，条痕为白色。

主要用途

蓝线石因颜色漂亮，常用作宝石，但比较罕见。又因外观与青金石、方钠石等宝石相同，也常作为其仿制品。

斜方晶系，晶体通常呈针状、柱状、叶片状、假六方状或纤维状

集合体呈束状和枝状

自然成因

蓝线石主要在花岗伟晶岩、富铝的变质岩和气成岩脉中形成，也常见于片麻岩、结晶片岩和深溶混合岩中，多与蓝晶石、天蓝石、矽线石、白云母、石英等共生。

溶解度

蓝线石不溶于任何酸性物质。

特征鉴别

蓝线石熔点高，无荧光。

| 成分：$Al_7(BO_3)(SiO_4)_3O_3$ | 硬度：7.0 | 比重：3.41 | 解理：完全和不完全 | 断口：参差状 |

红柱石

红柱石是一种铝硅酸盐矿物，别名菊花石，属兰晶石族，与蓝晶石和矽线石为同质多象变体。包体主要为金红石、磷灰石、白云母、石墨及各种黏土矿物。晶体具有多色性，颜色多为玫瑰红色、粉红色、红褐色、黄色或灰白色，绿色、蓝色和紫色较为少见，条痕为白色。性质较脆。

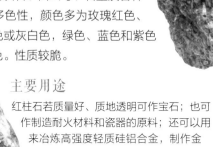

斜方晶系，晶体通常呈柱状，集合体呈粒状或放射状

主要用途

红柱石若质量好、质地透明可作宝石；也可作制造耐火材料和瓷器的原料；还可以用来冶炼高强度轻质硅铝合金，制作金属纤维以及超音速飞机和宇宙飞船的导向型等。

横断面形似四方形

自然成因

红柱石主要在低级热变质作用下形成，多见于接触变质带的泥质岩中，也常在较高的地温梯度、压力及温度比低的条件下产生。

具有玻璃光泽，透明至半透明

产地区域

● 世界著名产地有西班牙安达卢西亚、奥地利蒂罗尔州和巴西米纳斯吉拉斯等。
● 中国主要产地有北京、辽宁、吉林、青海、山东、甘肃、陕西、河南、湖北、四川、福建和新疆等。

溶解度

红柱石不溶于任何酸性物质。

（特征鉴别）

红柱石置于火焰上不熔化。

成分：Al_2SiO_5	硬度：7.0~7.5	比重：3.15~3.16	解理：中等	断口：参差状至亚贝壳状

铁铝榴石

　　铁铝榴石是一种硅酸盐矿物，又名贵榴石、紫牙乌，属于均质体矿物，大多在偏光镜下有异常消光，与镁铝榴石外观相近，较难区分。晶体内含有较多针状包课体，切割琢磨时会有星状出现，也称为星彩铁铝榴石。

颜色多为红色、橙红色、紫红色、褐色或黑色等，条痕为白色

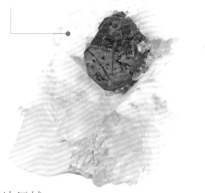

主要用途

铁铝榴石若颜色深红透明，可作宝石；因其硬度高，也可作为研磨材料。

等轴晶系，晶体通常呈十二面体、八面体、六面体、偏方锥面体及其聚形

自然成因

铁铝榴石主要在片岩和片麻岩中形成，常与蓝晶石、红柱石和硅线石共生；偶尔在变粒岩中也有产生；锰元素含量较多时，则会在伟晶花岗岩、花岗岩和流纹岩中产生。

产地区域

● 世界主要产地有美国、加拿大、英国、意大利、德国、奥地利、瑞典、挪威、澳大利亚、捷克、土耳其、格陵兰岛、巴基斯坦、津巴布韦、马达加斯加、坦桑尼亚、肯尼亚、斯里兰卡、印度及巴西。
● 中国主要产地在台湾等。

具有玻璃光泽或油脂光泽，透明至半透明，集合体呈致密块状或粒状

溶解度

铁铝榴石燃烧熔化后可溶于沸盐酸，但难溶于氢氟酸。

（ 特征鉴别 ）

铁铝榴石的溶液蒸发后会有氧化硅的胶质残留，同时略带磁性。

| 成分：$Fe_3Al_2(SiO_4)_3$ | 硬度：7.5 | 比重：4.1~4.3 | 解理：无 | 断口：参差状至贝壳状 |

钙铝榴石

钙铝榴石属于钙榴石类中较为常见的一种石榴石，也称为波西米亚榴石、开普红宝石，同时也是一种高压矿物，在自然界中分布较广，但较大的切割宝石并不常见。晶体的颜色多样，主要取决于其所含有的化学成分，结构中的铁、钛、铬和锰发生变化，则充当着一定程度的着色剂，若铬元素含量较高可展现出变化宝石效应。

等轴晶系，
晶体通常呈圆形的颗粒状或卵石状，
也呈偏八面体状和十二面体状

主要用途

钙铝榴石可作为宝石，颜色深，质地易碎。

颜色为无色到黑色，也有玫瑰色、暗红色、红橙色、紫红色、绿色、黄绿色等，条痕为白色

自然成因

钙铝榴石主要在橄榄岩和金伯利岩等变质岩中形成，有时也产于高压下的岩浆岩中。

新鲜断面呈油脂光泽，透明至半透明

溶解度

钙铝榴石不溶于酸。

产地区域

● 世界著名产地有波西米亚、斯里兰卡、马达加斯加、加拿大、俄罗斯、巴基斯坦、俄罗斯、坦桑尼亚、巴西、南非，以及美国新罕布什尔州和加利福尼业州。

（特征鉴别）

钙铝榴石中，绿色钙铝榴石斑晶颗粒粗大，会形成绿色的点状色斑，很容易识别。
钙铝榴石的绿色部分，在滤镜下会变为红色或橙红色。
钙铝榴石的相对密度和折射率都比翡翠高很多。

| 成分：$Ca_3Al_2(SiO_4)_3$ | 硬度：7.0~7.5 | 比重：3.4~3.6 | 解理：无 | 断口：参差状至贝壳状 |

钠闪石

钠闪石是一种钠铁硅酸盐矿物，属于闪石矿，又称蓝石棉，主要含有铁、钠、铝等矿物元素，包括镁钠闪石和蓝闪石。

主要用途
钠闪石主要用作收藏。

通常呈针状、柱状或细丝状，集合体呈纤维状

自然成因
钠闪石主要在含钠的碱性花岗岩、碱性正长岩、霞石正长岩及一部分的喷出岩中形成；也见于岩浆岩和片岩中，多与正长岩和花岗岩等共生。

溶解度
钠闪石不溶于酸。

颜色通常呈暗蓝色或暗黑色，也呈绿色，条痕为蓝灰色

产地区域
● 世界主要产地有英国、南非、美国、玻利维亚和阿尔卑斯地区。

成分: $Na_3(Fe^{2+}, Mg)_4Fe^{3+}Si_8O_{22}(OH)_2$	硬度: 5.0	比重: 3.02~3.42	解理: 良好	断口: 参差状至贝壳状

石榴子石

石榴子石是岛状结构硅酸盐矿物的统称，成分中含有铁、镁、钙和锰等，在自然界中分布较为广泛，各种石榴子石有属于各自的产出条件。通常有铝系和钙系两个系列，含钛较高的变种称为钛榴石。晶体颜色也会随成分不同而产生变化。

主要用途
石榴子石若颜色美丽、质地透明，可作宝石；也可作为激光材料和磨料。

自然成因
石榴子石主要在基性岩和超基性岩中形成，在自然界中分布较广，也常见于片岩、矽卡岩和片麻岩等岩石中，在变质岩和火成岩中也有产生。

等轴晶系，晶体通常呈四角三八面体、菱形十二面体或是二者的聚形，集合体呈粒状或致密块状

颜色有玫瑰红色、橙红色、紫红色、红褐色、深红色、棕绿色或黑色等

溶解度
石榴子石不溶于酸。

产地区域
● 主要产地有中国新疆等。

成分: $Al_3Be_2(SiO_4)_3$	硬度: 6.5~7.5	比重: 3.32~4.19	解理: 无	断口: 参差状

铁电气石

　　铁电气石是一种硅酸盐矿物，属于电气石（碧玺）的一种，主要成分为铁。晶体通常呈针状或柱状，也呈半自形晶。硬度较大，易磨光。

自然成因

铁电气石主要在花岗岩、伟晶岩以及一些变质岩中形成，常与锆石、长石、绿柱石和石英等共生。

集合体呈致密块状、针状、棒状、放射状或隐晶体状，具有玻璃光泽，透明至不透明

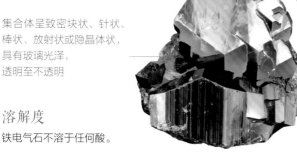

三方晶系，晶体通常呈针状或柱状

溶解度

铁电气石不溶于任何酸。

成分：$Fe_3Al_6(BO_3)_3Si_6 \cdot O_{18}(OH, F)_4$　**硬度**：7.0~7.5　**比重**：3.0~3.2　**解理**：不清楚　**断口**：参差状至贝壳状

黑电气石

　　黑电气石，又称黑碧玺，属于电气石的一种，同时也是一种含硼元素的铁、铝、镁、钠、锂元素的环状结构的硅酸盐矿物，是典型的高温气候矿物。晶体颜色通常为黑色，若含杂质则较为多样，如玫瑰色、黄色、褐色、淡蓝色或深绿色。黑电气石具有较高的硬度。

主要用途

黑电气石主要可用于环保、电子、纺织、日化、建材、陶瓷、制冷业、无线电工业、红外探测以及宝石原料。

三方晶系，晶体通常呈柱状，集合体呈致密块状、棒状、束状、放射状或隐晶质块状

自然成因

黑电气石主要在花岗伟晶岩及气成热液矿床中形成。但黑色电气石在较高温度下产生，绿色和粉红色电气石则在较低温度下产生，有时也会见于变质矿床中。

柱面带有纵纹，横断面呈球面三角形

产地区域

● 世界主要产地有纳米比亚等。
● 中国主要产地在新疆等。

溶解度

黑电气石不溶于酸。

成分：$Na_3Al_6(BO_3)_3Si_6 \cdot O_{18}(OH, F)_4$　**硬度**：7.0~7.5　**比重**：3.0~3.2　**解理**：不清楚　**断口**：参差状至贝壳状

锂电气石

锂电气石，又称钠锂电气石，成分十分接近钠锂，属于环状硅盐酸矿物，常具色带现象，颜色通常为玫瑰色，也呈黄色、绿色、蓝色和白色等，条痕无色。

主要用途

锂电气石若质地透明、颜色美丽，可用作宝石；同时也广泛应用于电子、化工、纺织、卷烟、涂料、化妆品、净化水质和空气、防电磁辐射、保健品等领域。

柱面带有纵纹，横切面会呈弧线三角形

三方晶系，
晶体形成早期会呈长柱状，晚期则呈短柱状，集合体呈棒状、束针状、放射状，或呈致密块状或隐晶质块状

溶解度

锂电气石不溶于任何酸性物质。

自然成因 ——

锂电气石主要在花岗伟晶岩、云英岩和热液矿脉中形成，呈绿色或粉红色者则形成于较低温度中，有时也在变质矿床中产生。

具有玻璃光泽，透明至半透明

产地区域

● 世界主要产地有巴西、俄罗斯、意大利、斯里兰卡、缅甸、美国、坦桑尼亚、肯尼亚、马达加斯加、莫桑比克、阿富汗和巴基斯坦等。

● 中国主要产地有新疆、内蒙古、辽宁、广西和云南等。

（特征鉴别）——

锂电气石具有压电性和热电性，硬度高；包裹体较少，内部干净。

成分：$Li_3Al_6(BO_3)_3Si_6 \cdot O_{18}(OH,F)_4$　　硬度：7.0~7.5　　比重：3.03~3.1　　解理：不清楚　　断口：参差状至贝壳状

镁电气石

镁电气石属于一种电气石，含有较多的钠和镁元素，但在自然界中储量并没有黑电气石多。晶体颜色较为独特，多呈金棕色至深棕色，或近于黑色的深褐色，因含有杂质，也呈玫瑰色、黄色、淡蓝色、深绿色等。含有镁时则呈褐色。

六方晶系，
晶体通常呈三角形或
六角形的柱状

主要用途

镁电气石应用较为广泛，经过加工后可制成新型材料应用于电气石汗蒸房；也可用于桑拿中的石疗、沙疗、水疗等；在纺织、制鞋等领域也有应用；还可制成化妆品等。

柱面带有纵向条纹，
横断面呈球面三角形

自然成因

镁电气石主要在花岗伟晶岩及气成热液矿床中形成，也常见于变质矿床中。

溶解度

镁电气石不溶于任何酸。

具有玻璃光泽

产地区域

● 世界著名产地有美国、加拿大、墨西哥、挪威、瑞士、捷克、奥地利、希腊、俄罗斯、哈萨克斯坦、肯尼亚、尼泊尔、印度、巴西以及澳大利亚等。

（特征鉴别）

镁电气石具有压电性和热电性。

| 成分：$Mg_3Al_6(BO_3)_3Si_6 \cdot O_{18}(OH,F)_4$ | 硬度：7.0~7.5 | 比重：3.0~3.2 | 解理：不清楚 | 断口：参差状至贝壳状 |

透视石

　　透视石是一种含水的铜硅酸盐矿物，碱性长石类，又称翠铜矿、绿铜矿。晶体通常是由菱面体和六方柱两个单形聚合而成的聚形，呈两头尖的小短柱状，也有少量会呈鞭面体状，而由聚片双晶所形成的双晶纹会十分明显。

主要用途
透视石因色泽美丽，可作宝石。

颜色多为绿色和蓝绿色等，条痕为浅绿色

三方晶系，晶体通常呈板状或短柱状，多为双晶

溶解度
透视石不溶于大多数酸，但可在氢氟酸中完全溶解。

自然成因
透视石主要在近地表的铜矿床中形成，常与方解石、孔雀石、异极矿和彩钼铅矿等共生。

具有玻璃光泽，透明至半透明

产地区域
● 主要产地有非洲的刚果（金）、纳米比亚；吉尔吉斯斯坦草原、外贝加尔地区及罗马尼亚的雷兹巴、美国亚利桑那州的格雷厄姆等也有产出；在中国较为罕见。

（特征鉴别）
透视石放大检查时可见气液包体。

| 成分：$KAlSi_3O_8$ | 硬度：5.0 | 比重：2.56~2.62 | 解理：完全 | 断口：贝壳状至参差状 |

铁斧石

铁斧石属于一种晶质体，晶体通常呈板状。具有较强的三色性，颜色通常呈紫色、紫褐色、蓝色、褐色、褐黄色、红褐色、粉红色或者浅黄色等。

通常呈板状，
具有较强的三色性

主要用途

铁斧石可用作刻面宝石，但极易破损，因此多用于收藏。

溶解度

铁斧石能缓慢溶于氢氟酸，慎与盐酸接触。

自然成因

铁斧石主要在接触变质作用和交代作用下形成，常与方解石、阳起石和石英等伴生。

新鲜断面具有玻璃光泽，透明至半透明

成分：$(Ca, Fe, Mn, Mg)_3Al_2BSi_4O_{15}(OH)$	硬度：6.0~7.0	比重：2.5	解理：清楚	断口：贝壳状或阶梯状

赛黄晶

赛黄晶是一种硅酸盐矿物，因成分与黄晶非常相似，故此得名。晶体顶端常呈楔形，晶面带有纵纹，同时还可形成晶簇。颜色多为无色、黄色、粉红、淡紫色、褐色或灰色等，偶尔带有条纹。

主要用途

赛黄晶可用来磨制成刻面宝石，但通常较少直接作为珠宝首饰，多用来收藏。

具有玻璃光泽

斜方晶系，
晶体通常呈短柱状，
也呈粒状或块状的集合体

产地区域

● 世界著名产地有马达加斯加、缅甸抹谷地区、墨西哥以及日本等。

自然成因

赛黄晶主要在低温热液矿脉和变质灰岩中形成，常与正长石和微斜长石等共生，有时也见于冲积砂矿床中。

（特征鉴别）

赛黄晶在长波和短波的紫外照射下，会发出蓝色的荧光。

成分：$CaB_2(SiO_4)_2$	硬度：6.0~7.0	比重：3.0	解理：不明显	断口：亚贝壳状

173

阳起石

阳起石是一种自然产生的硅酸盐矿物，由透闪石中的镁离子 2% 以上被二价铁离子置换而成，也属于闪石类，又称闪石石棉。主要含有钙、镁、铁等矿物元素，若铁元素含量高，则称铁阳起石。晶体颜色多为灰绿色至暗绿色，也呈白色、浅灰白色或淡绿白色。

单斜晶系，
晶体通常呈针状、柱状或毛发状，
集合体呈不规则块状、扁长条状
或短柱状

主要用途

阳起石是深色玉石的成分之一，若质地细腻可作为观赏石，纤维状的常用作工业石棉。同时具有一定的药用价值，可温肾补阳。

若折断，断面不平整，呈细柱状或纤维状

自然成因

阳起石主要在片麻岩及千枚岩中形成，多与石棉、滑石和蛇纹石等共生。

产地区域

● 主要产地有中国湖北、河南、山西等。

具有玻璃光泽，透明至不透明

溶解度

阳起石不溶于酸。

（特征鉴别）

阳起石燃烧时不熔，不导热，火焰呈红色，离火后，会略微变黄。
呈乳白色，有相间的纵花纹，表面有纤维状纹理。
质松软、光滑，撕之成丝绵状。
气无，味淡，附粘手上不易去掉。

成分：$Ca_2(Mg, Fe)_5Si_8O_{22}(OH)_2$　硬度：5.0~6.0　比重：3.00~3.44　解理：完全　断口：参差状至贝壳状

方柱石

　　方柱石是一种碱性含铝的硅酸盐矿物，自然界中较为常见。是四方晶系的架状结构硅酸盐矿物的统称，同时也属似长石矿物，常见管状包裹体。晶体颜色常见为无色、粉红、黄色、橙色、蓝色、绿色、紫色、紫红色、绿色、蓝灰色或褐色等，呈海蓝色的称海蓝柱石，条痕无色。

四方晶系，
呈四方柱状和四方双锥状的聚形，
又呈致密块状、粒状和不规则柱状的集合体

主要用途

方柱石若颜色鲜艳美丽，可作宝石，但极为稀少。

溶解度

方柱石溶于盐酸，溶解后会形成胶状体。

自然成因

方柱石主要在含钙的变质岩、伟晶岩及接触交代的矽卡岩中形成，也常见于酸性和碱性岩浆岩与石灰岩或白云岩的接触交代矿床中，常与透辉石、石榴石、磷灰石等共生。在火山岩的气孔中也可见晶簇。

晶面带有
纵纹

具有玻璃光泽，
透明至不透明

产地区域

● 著名产地有缅甸、印度、巴西、坦桑尼亚、马达加斯加、莫桑比克以及中国。其中，中国和缅甸主要产出猫眼品种。

（特征鉴别）

方柱石在紫外线照射下发出黄色的荧光。

成分：（Na，Ca，K）$_4$Al$_3$（Al，Si）$_3$Si$_6$O$_{24}$（Cl，F）　硬度：5.0~6.0　比重：2.50~2.78　断口：参差状至贝壳状

海蓝宝石

　　海蓝宝石是一种含有铍和铝元素的硅酸盐矿物，属于绿柱石的一种，与石榴石、碧玺等均称为彩色宝石。颜色多为天蓝色至海蓝色、绿蓝色至蓝绿色等，若变种则会颜色不一，如金黄色、粉红色、淡蓝色或深绿色等。其中，深绿色的称为祖母绿，金黄色的称为金色绿柱石，粉红色的称为铯绿柱石。

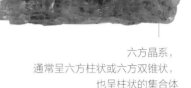

六方晶系，
通常呈六方柱状或六方双锥状，
也呈柱状的集合体

主要用途

海蓝宝石明净无瑕、色彩艳丽，可用作宝石。

自然成因 ——————

海蓝宝石主要在钠长石化伟晶岩矿床中形成。

（特征鉴别）—————

海蓝宝石熔点高，若熔化会有小碎片出现在边缘。
在 X 射线照射下不发光，且韧性良好。
不完全解理，断口呈贝壳状至参差状。

产地区域

● 世界著名产地为巴西的米纳斯吉拉斯州，其次是俄罗斯、中国等。

无杂质、颜色明亮为最佳

成分：$Be_3Al_2Si_6O_{18}$	硬度：7.5~8.0	比重：2.6~2.9	解理：不完全	断口：参差状至贝壳状

天河石

　　天河石是一种硅酸盐矿物，属于长石的一种，又称亚马孙石，为微斜长石的蓝绿色变种，与翡翠相似，在自然界中十分常见。因具有独特的聚片双晶或穿插双晶结构，故带有绿色和白色的格子状色斑，且闪光。若解理少则为优质品。

主要用途

天河石若呈翠绿色可作为翡翠的替代品，也可用作戒面或雕刻品。

自然成因 ——

天河石主要在火山岩中形成。

三斜晶系，
晶体通常呈短板状或短柱状，
颜色多为蓝色、蓝绿色、翠绿色等

带有绿色和白色
的格子状色斑

产地区域

● 世界主要产地有美国、加拿大、巴西、秘鲁和莫桑比克等。
● 中国主要产地有新疆、内蒙古、甘肃、江苏、四川和云南等。

（特征鉴别）—————

天河石性脆，容易碎裂。
一般透明度较差，多为半透明至不透明，含斜长石的聚片双晶、穿插双晶，常见网格状色斑，并可见解理面闪光。
颜色为纯正的蓝色、翠绿色，质地明亮、透明度好、解理少的品质为优。

成分：$KAlSi_3O_8$	硬度：6.0~6.5	比重：2.55~2.63	解理：完全	断口：参差状

绿锂辉石

绿锂辉石，又称翠铬锂辉石，属于变种的锂辉石，含有铬，是锂辉石的两个品种之一，同时也是一种珍贵的宝石。晶体颜色多为绿色、深绿色、黄绿色，也呈蓝色调的绿色或祖母绿，条痕为白色。

主要用途

绿锂辉石可用来作宝石、首饰等。

自然成因

绿锂辉石主要在花岗伟晶岩中形成，通常与长石、绿柱石、电气石、白云母、黑云母、锂云母、石英和黄玉等共生。

溶解度

绿锂辉石溶解性差，但熔点低。

柱面带有纵纹，具有玻璃光泽，断面呈珍珠光泽，透明至半透明

单斜晶系，晶体通常呈柱状，也呈板柱状、棒状的集合体，或呈致密隐晶块状

产地区域

● 主要产地有美国卡罗来纳州、马达加斯加岛和巴西等。

| 成分：$LiAlSi_2O_6$ | 硬度：6.5~7.0 | 比重：3.0~3.2 | 解理：完全 | 断口：参差状 |

铁锂云母

铁锂云母是一种含锂铷矿物，是提炼锂的主要矿物原料之一。晶体颜色多呈灰褐色至黄褐色，也呈绿色至深绿色、暗灰绿色、棕灰色、淡紫色等。

自然成因

铁锂云母主要在高温热液脉、云英岩和伟晶岩中形成。

单斜晶系，晶体通常呈六方板状

产地区域

● 主要产地有德国、俄罗斯、格陵兰、阿尔及利亚，以及美国科罗拉多州、亚利桑那州和弗吉尼亚州等。

（特征鉴别）

铁锂云母燃烧时火焰呈红色，具有弱电磁性，薄片具有弹性。

主要用途

铁锂云母可用来提炼锂。

呈鳞片状的集合体，具有玻璃光泽或珍珠光泽，半透明至透明

溶解度

铁锂云母不溶于酸。

| 成分：$K(Li, Fe^{2+}, Al)_3[(Si, Al)_4O_{10}](F, OH)_2$ | 硬度：2.0~3.0 | 比重：2.5~3.0 | 解理：完全 | 断口：参差状 |

冰长石

冰长石属于长石矿物，是一种含钾铝硅酸盐的矿物，当钾铝硅酸盐含量大于 80% 时，则称为冰长石。其成分中的钠含量会比一般的钾长石低，常含有钡。在不同的条件下所形成的冰长石会有不同的性质，呈晕彩的称为月长石。冰长石与微斜长石相差无几，常被错认。

主要用途

冰长石主要可作宝石及装饰品，也可用于矿物发现等。

产地区域

● 世界著名产地有瑞士、美国等。
● 中国主要产地有新疆阿尔泰、云南、台湾等。

自然成因

冰长石主要在块状硫化物矿床和浅成低温热泉型矿床中形成，也常见于长英质深成岩的低温矿脉中和结晶片岩的洞穴中。

拟正交晶系，晶体通常呈柱状，常见双晶

颜色为无色透明，具有玻璃光泽

溶解度

冰长石只溶于氢氟酸。

| 成分：$KAlSi_3O_8$ | 硬度：6.0~6.5 | 比重：2.55~2.63 | 解理：完全 | 断口：参差状 |

锰铝榴石

锰铝榴石是一种硅酸盐矿物，属于石榴子石中的重要品种，主要化学成分为锰铝硅酸盐。晶体内呈无黑心或无颜色不纯的带状构造，带有似羽毛状的液体包裹体。晶体的颜色多样，通常会随成分不同而变化。

自然成因

锰铝榴石主要在花岗质伟晶岩中形成，多与烟晶等共生。

等轴晶系，晶体通常呈四角三八面体、菱形十二面及二者的聚形

产地区域

● 世界主要产地有斯里兰卡、缅甸、巴西和马达加斯加。美国加利福尼亚州、澳大利亚新南威尔士和纳米比亚等。
● 中国主要产地有福建云霄等。

（特征鉴别）

锰铝榴石韧性较好，含水的钙铝榴石在 X 射线下呈橘红色荧光。

颜色有红色至橙红色、玫瑰红、紫红色、棕红色、褐红色、绿色、黄绿色等，以橙红色、血红色为佳品

溶解度

锰铝榴石只溶于氢氟酸。

| 成分：$Mn_3Al_2(SiO_4)_3$ | 硬度：6.5~7.5 | 比重：3.59~4.50 | 解理：无 | 断口：贝壳状 |

黄榴石

黄榴石是钙铁榴石的一种变种，因含有钙和铁，所以呈黄色，与黄色托帕石相似，故此得名。黄榴石的颗粒绝大多数比翠榴石还小，因此很难用作宝石。

自然成因

黄榴石主要在接触变质的石灰岩和大理岩中形成，也有部分在蛇纹岩、正长岩和绿泥石片岩中产生，常与霞石、长石、绿帘石、白榴石和磁铁矿共生。

产地区域

● 世界著名产地有美国科罗拉多州、意大利皮埃蒙特阿亚山谷、瑞士褚马特、德国、挪威等。

晶体常呈六八面体、十二面体、偏方锥面体及其聚形

溶解度

黄榴石溶于沸盐酸。

颜色多呈淡黄色至深黄色，条痕为白色

特征鉴别

黄榴石熔化后会产生磁性，溶液蒸发后会有胶质氧化硅残留；具有猫眼效应。

| 成分: $Ca_3Fe_2(SiO_4)_3$ | 硬度: 6.6~7.5 | 比重: 3.5~4.3 | 解理: 无 | 断口: 贝壳状 |

丁香紫玉

丁香紫玉，又称丁香紫，主要矿物成分为锂云母，也含有少量的钠长石、锂辉石、铯榴石和石英，是一种在中国新发现的玉石品种，因颜色为丁香花般的紫色而得名。晶体的硬度较低，易琢磨和抛光。

主要用途

丁香紫玉可用来制成戒面、项链等首饰，也可用来制作工艺品，雕琢玉器等。

单斜晶系，晶体通常呈鳞片状，也呈厚板状或短柱状的假六方形的集合体

产地区域

● 我国仅在新疆乌尔禾魔鬼城方圆 100 千米内有发现。

特征鉴别

丁香紫玉不具荧光性。

自然成因

丁香紫玉主要在钠锂型花岗伟晶岩脉中形成，常与锂辉石、钠长石、艳镏石和石英等共生。

颜色多呈丁香紫色、紫罗兰色或玫瑰色等

| 成分: $K[Li_2-xAl^{1+}x(Al_2xSi_4-2xO_{10})F_2]$ | 硬度: 6.8~7.2 | 比重: 2.5~3.0 | 解理: 完全 | 断口: 参差状 |

拉长石

拉长石是一种斜长石，因其闪耀着七彩光芒，又被称为太阳石、日光石、光谱石，是一种名贵的玉石，在自然界中较为常见。晶体中常含有针铁矿、赤铁矿和云母等包裹体，对光反射会出现金黄色耀眼的闪光，称为"日光效应"。以深色包裹体、反光效应好的为佳品。

主要用途

拉长石通常可作为装饰材料；若带有美丽晕彩则可作宝石，具有收藏价值，也可用来制作饰品及工艺品；还可以用来加强肌肉活力。在中国古代，被用来制作"玉玺"。

溶解度
拉长石不溶于酸。

颜色多为红色、黄色、绿色、褐色、灰色或黑色等，条痕无色

单斜晶系或三斜晶系，晶体通常呈柱状或板状，集合体呈块状等

产地区域

● 世界著名产地有挪威、美国、加拿大、俄罗斯、印度、马达加斯加等。

自然成因

拉长石主要在各种中性、基性和超基性岩中形成，常见于伟晶岩和一些长英质岩脉中，也常出现在玄武岩、苏长岩、辉长岩和粒玄岩等岩石中，与紫苏辉石伴生。

具有玻璃光泽，透明至微透明

（特征鉴别）

拉长石遇火燃烧时，火焰呈红色。
拉长石是双色性晶体，在不同偏振方向的光线下呈现的颜色不同。
颜色从黄色到橘黄色，半透明状，但宝石越透明价值越高，深色包裹体反光效果好则为佳品。

成分：K（Li, Al）$_3$（Si, Al）$_4$O$_{10}$（F, OH）$_2$　　硬度：6.0~6.5　　比重：2.55~2.76　　解理：完全　　断口：参差状

水硅铜钙石

水硅铜钙石属单斜晶系，晶体通常呈板状。颜色呈深铜蓝色，非常漂亮。具有玻璃光泽，半透明。

主要用途
因其色彩美丽，经常被用作宝石和打造首饰饰品。

自然成因
水硅铜钙石主要在矽卡岩中产生，通常与鱼眼石、自然铜及含铜硫化物伴生。

单斜晶系，晶体通常呈板状

溶解度
水硅铜钙石溶于酸。

颜色多为深铜蓝色
具有玻璃光泽，半透明

成分：$Ca_2Cu_2(H_2O)_2(Si_3O_{10})$	硬度：5.0~5.6	比重：3.2	解理：完全	断口：参差状

镁铝榴石

镁铝榴石是一种含有镁铝的石榴石，属岛状硅酸盐。晶体的内含物较少，常见浑圆状的磷灰石，细小片状的钛铁矿以及其他针状物，偶尔可见雪环状小晶体。晶体颜色多为淡褐红色至淡紫红色，也呈红色、深红色、紫红色、黄红色、粉红色等，条痕为白色。

自然成因
镁铝榴石主要在超基性岩和残破的积砂矿中形成，也常见于岩浆岩和变质岩中。

溶解度
镁铝榴石不溶于酸。

等轴晶系，晶体通常呈四角三八面体和菱形十二面体，或是二者的聚形

呈粒状或块状的集合体

产地区域
● 世界主要产地有捷克、挪威、俄罗斯等。
● 中国主要产地在江苏等。

主要用途
镁铝榴石若质地透明，可用作宝石。

特征鉴别
镁铝榴石熔点低，少量具有变化效应，灯光下呈红色，日光下呈紫色。

成分：$Mg_3Al_2(SiO_4)_3$	硬度：7.0~7.5	比重：3.62~3.87	解理：无	断口：贝壳状

十字石

十字石是一种岛状结构的硅酸盐矿物，因外形呈十分奇特的十字而得名。晶体一般比较粗大，常见双晶，横断面通常呈菱形。颜色多为棕红色、淡黄褐色、红褐色或黑色等，质地又硬又脆。

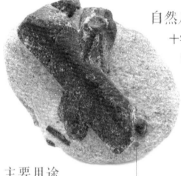

自然成因

十字石主要由富含铁元素和铝元素的泥质岩石经区域变质作用而形成，常见于千枚岩、云母片岩、片麻岩中，也常与白云母、蓝晶石、石榴子石和石英等变质矿物伴生。

单斜晶系，通常呈短柱状或粒状，也呈鳞状或薄板状的集合体

产地区域

● 世界主要产地有巴西、瑞士以及美国等。

主要用途

十字石若颜色明亮、质地通透，可作宝石，也可制成装饰品。

具有玻璃光泽，含杂质时会呈土状光泽或暗淡无光

特征鉴别

十字石质地硬而脆，在紫外线的照射下无荧光。

晶体通常粗大，十字形贯穿双晶常见，短柱状，横断面为菱形，也呈粒状产出。

与红柱石相似，不同的是，十字石呈双晶形状，深褐色、红褐色，硬度大，可以此区别。

成分：（Fe，Mg，Zn）₂Al₉（Si，Al）₄O₂₂（OH）₂	硬度：7.0~7.5	比重：3.65~3.83	断口：参差状至贝壳状

金云母

金云母属于铝硅酸盐矿物，含有铁、镁和钾元素，也是白云母类矿物的一种。晶体颜色多为无色、黄褐色、红褐色、灰绿色或白色等，条痕为无色。具有极高的电绝缘性，耐热隔音，抗酸碱腐蚀，热膨胀系数小。

自然成因

金云母主要在富镁石灰岩与岩浆岩的接触变质带中形成，多与镁橄榄石、透辉石等共生。

单斜晶系，晶体通常呈短柱状和假六方板状，也呈板状和鳞状的集合体

溶解度

金云母溶于浓硫酸，同时生成乳状溶液。

特征鉴别

金云母不导电，薄片具有弹性，在显微镜透射光下呈无色或褐黄色。

主要用途

金云母若铁含量不多，可作为电绝缘材料；也广泛应用于建材、消防、灭火剂、电焊条、电绝缘、塑料、橡胶、造纸、沥青纸、珠光颜料等化工工业；还可用来制造蒸汽锅炉、冶炼炉的炉窗和机械上的零件。

产地区域

● 中国主要产地有新疆、内蒙古、四川、辽宁、吉林、黑龙江、陕西、山东、山西、河北、河南、云南、西藏及青海等。

成分：KMg₃Si₃Al₁₀（OH，F）₂	硬度：2.0~2.5	比重：2.70~2.85	解理：完全	断口：参差状

榍石

榍石属于一种岛状结构的硅酸盐矿物，常含有钇和铈，也常有类质同象混入物而形成变种，在较多岩石中都有它的成分。晶体往往以单晶出现，颜色多样，如黄色、绿色、红色、褐色和黑色等，深褐色的榍石经过热处理，可变成红褐色或橙色。

主要用途

榍石是造岩的重要矿物，可以提炼钛，也可作宝石。

自然成因

榍石主要在酸性和中性岩浆岩中形成，也常在碱性伟晶岩中。

溶解度

榍石溶于硫酸。

产地区域

● 世界著名产地有中国、马达加斯加、奥地利、瑞士及巴西等。

横断面呈菱形

单斜晶系，晶体通常呈柱状、片状或楔形，常见双晶，也呈致密块状和片状的集合体

特征鉴别

榍石强光泽，折射率高，表面的反射能力强，折射仪上表现为负读数。
高色散，成品榍石中可见火彩。
强双折射，肉眼可见双影像，刻面棱双影线距离较宽。

成分：CaTiSiO₅	硬度：5.0~6.0	比重：3.3~3.6	解理：清楚	断口：贝壳状

顽火辉石

顽火辉石是斜方辉石的一种，属于铁镁硅酸盐矿物，因熔点高而得名。晶体常见双晶，内部呈针状矿物的包裹体，并定向平行排列。因硬度较低，表面的耐磨程度差，在破口处可见阶梯状的断口。

主要用途

顽火辉石若铁元素含量增大增多，晶体颜色会变深，是较好的收藏品。

自然成因

顽火辉石主要在基性和超基性岩中形成，也常于岩浆岩、变质岩、层状侵入岩中产生。

斜方晶系，晶体通常呈柱状，也呈块状、片状或纤维状的集合体

产地区域

● 世界主要产地有澳大利亚、缅甸、印度和南非。

溶解度

顽火辉石不溶于任何酸。

颜色通常为无色、灰色、褐色或灰色等，条痕为无色或灰色

特征鉴别

顽火辉石具有星光效应和猫眼效应。分光镜下可见典型光谱，二色镜下呈现多色性，褐色强、绿色弱。

成分：Mg₂SiO₆	硬度：5.5	比重：3.2~3.4	解理：良好	断口：参差状

183

普通辉石

普通辉石是一种含有钙、镁、钛和铝的硅酸盐矿物，是最为常见的辉石矿物。晶体较为粗大，具有单链状结构，颜色多呈黑绿色或褐黑色，条痕呈浅绿色或黑色。

主要用途
普通辉石可用来磨制黑宝石。

产地区域
● 世界各地均有产出。

自然成因
普通辉石主要在基性和超基性岩中形成，也在中性岩、酸性岩、喷出岩以及某些结晶片岩中产生，通常与橄榄石、基性斜长石等共生。

横断面呈近等边的八边形

单斜晶系，
晶体通常呈短柱状，
也呈致密粒状、块状或放射状的集合体

溶解度
普通辉石不溶于酸。

特征鉴别
普通辉石单晶呈短柱状，集合体成块状或粒状，颜色为绿黑色或黑色，条痕呈浅绿色或黑色。
不透明，有玻璃光泽。
解理中等或完全，解理交角87°。

成分：（Ca，Na）（Mg，Fe，Al，Ti）（Si，Al）$_2$O$_6$　硬度：5.5~6.0　比重：3.22~3.88　断口：参差状至贝壳状

蔷薇辉石

三斜晶系，
晶体通常呈厚板状或板柱状，
也呈粒状或块状的集合体

蔷薇辉石是一种自然产生的硅酸盐矿物，又称玫瑰石，不属于辉石族，是一种似辉石矿物，主要化学成分为硅酸钙锰铁。晶体表面较为粗糙，晶棱会弯曲，易形成聚片双晶，具有链状结构，同时与三斜锰辉石成同质多象。颜色多为浅粉色或玫瑰红色，条痕为灰色或黄绿色。

主要用途
蔷薇辉石可用来作装饰石料、饰品及雕塑材料。

自然成因
蔷薇辉石主要在含锰的经区域变质或接触交代变质的岩石中形成，通常与石榴石、菱锰矿、钙蔷薇辉石等共生；也在伟晶岩和热液矿床中产生，常与硫化物和其他锰矿物等共生。

氧化后呈黑色含锰的氧化物和氢氧化物薄膜

产地区域
● 世界主要产地有美国、瑞典、俄罗斯、澳大利亚、德国、巴西、墨西哥、日本、罗马尼亚、南非，以及俄罗斯的乌拉尔和坦桑尼亚等。
● 中国主要产地有北京、吉林、陕西及青海等。

特征鉴别
蔷薇辉石硬度高，不产生气泡。在紫外线下无荧光。

溶解度
蔷薇辉石稍溶于盐酸。

成分：（Mn^{2+}，Fe^{2+}，Mg，Ca）SiO$_3$　硬度：5.5~6.5　比重：3.40~3.75　解理：完全　断口：不平坦

硅镁镍矿

硅镁镍矿是一种硅酸盐矿物。晶体通常呈片状，偶尔也呈块状和微晶皮壳状，集合体呈致密块状、钟乳状或细粉状。颜色主要有绿色、浅绿色、褐黄色或白色等，条痕为浅绿色。具有半透明的玻璃光泽。

主要用途

硅镁镍矿主要可用来提炼镍和制造镍钢、镍青铜、镍黄铜等。

晶体通常呈片状，偶尔也呈块状和微晶皮壳状，集合体呈致密块状、钟乳状或细粉状

自然成因

硅镁镍矿主要形成于岩浆岩中的硫化镍经热液蚀变中。

（特征鉴别）

硅镁镍矿熔点高。

成分：（Ni，Mg）$_6$Si$_4$O$_{10}$（OH）$_8$	硬度：2.0~3.5	比重：2.27~2.93	解理：完全	断口：裂片状

星叶石

星叶石是一种硅酸盐矿物，其成分的变化较大，可与锰星叶石形成类质同象，而锰星叶石还可与铯锰星叶石构成系列，同系列的还有锆叶石和铌叶石，星叶石的晶体为柱状或板状，集合体呈放射星状。

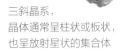

自然成因

星叶石主要在流霞正长岩等碱性岩中形成，主要与楣石、霓石、异性石、钠铁闪石、针钠钙石等矿物共生。

三斜晶系，晶体通常呈柱状或板状，也呈放射星状的集合体

颜色主要呈黄铜色至金黄色，条痕呈浅绿棕色

（特征鉴别）

星叶石微溶于酸。
熔点低。
易生成带弱磁性的深色玻璃状物质。

成分：（K，Na）$_3$（Fe，Mn）$_7$Ti$_2$Si$_8$O$_{24}$（O，OH）$_7$	硬度：3.0~4.0	比重：3.28~3.30	解理：完全	断口：参差状

中长石

中长石是一种架状结构的硅酸盐矿物，同时也是斜长石的一种。晶体因两端元结构的差异较大，以至于在某些区间具有不混溶性。颜色主要为白色、无色或灰色等，有时也微带浅蓝色或浅绿色，条痕为白色。

常见聚片的双晶结构

自然成因

中长石主要在变质岩和中性岩中形成，如角闪岩、安山岩等。

具有玻璃光泽，透明至半透明

特征鉴别

中长石遇火燃烧时，呈砖红色或黄色。

三斜晶系，
晶体通常呈板状或柱状，
也呈柱状、板状或细粒状的集合体

成分：（Na，Ca）Al$_{1\sim2}$Si$_{2\sim3}$O$_8$	硬度：6.0~6.5	比重：2.60~2.76	解理：完全	断口：参差状至贝壳状

透锂长石

透锂长石主要是一种架状结构的硅酸盐矿物。晶体常见双晶，但在自然界中较为罕见。颜色主要呈无色、白色、黄色或灰色等，偶尔也见粉红色，条痕为白色。

单斜晶系，
晶体通常呈板状，易被劈成薄板的块状

自然成因

透锂长石主要在花岗伟晶岩中形成，主要与铯榴石、锂辉石、彩色电气石等共生。

主要用途

透锂长石是提取锂的主要矿物原料，也是制作陶瓷和特种玻璃的原料。

具有玻璃光泽，
断面呈珍珠光泽

溶解度

透锂长石不溶于酸。

特征鉴别

透锂长石熔点低，遇火燃烧时，火焰会呈深红色。

成分：LiAlSi$_4$O$_{16}$	硬度：6.0~6.5	比重：2.39~2.46	解理：完全	断口：亚贝壳状

第二部分

岩石

岩石是几种矿物的集合体，它是构成地壳的基础，根据成因可分为三大类：岩浆岩、变质岩和沉积岩。

岩浆岩是由喷出地表的岩浆结晶而成；沉积岩是组成先成岩的颗粒经过风化、侵蚀和堆积形成的碎屑沉积物；变质岩则是由岩浆岩和沉积岩经高温、高压的作用变质而成。

岩石的形成

地球内部的地壳运动从未停息，因此，新的岩石也在不断形成。

地球内部的岩浆经过地壳运动而缓慢上升，岩浆岩就在这上升冷却的过程中形成。之后地球运动使一部分岩浆岩上升到地表，在冰川、流水和风的侵蚀作用下，岩石破碎成颗粒，再被冰川、河流和风力搬运，逐渐在湖泊、三角洲和沙漠中沉积下来，形成沉积岩。此外，在大规模的造山运动中，经过高温高压的作用，部分岩浆岩和沉积岩变成变质岩。

▲ 五花石

▲ 天河石

岩浆岩的性质

岩浆岩是由液态岩浆或熔岩结晶而成，岩浆的原始成分、侵入地壳的方式及冷却速度都会影响其组成成分和性质。

▲ 黄榴石

成 因

岩浆岩主要有侵入和喷出两种成因。侵入成因的岩浆岩是液态岩浆在地壳内部经缓慢冷却而形成，而喷出成因的岩浆岩则是液态岩浆自然溢流或喷出地表快速冷却而成。

▲ 粗粒花岗岩

产 状

产状是指熔岩冷却凝固的形态，如深成岩为大而深的侵入岩，可以绵延数千米，岩脉为狭长、不规则的板状岩体，岩床则为整合的席状。

▲ 花岗闪长岩

矿物成分

岩石是矿物的集合体，长石、云母、石英和铁镁等矿物都是岩石的组成成分，而矿物的成分决定了岩石的化学性质。

▲ 文象伟晶岩

颗粒大小

一般而言，岩浆岩中的深成岩颗粒粗大，喷出岩则颗粒细小，如辉长岩等粗粒岩浆岩的晶体直径超过 5 毫米，中粒玄武岩的晶体直径为 0.5~5 毫米，细粒玄武岩的晶体直径小于 0.5 毫米。

▲ 紫苏花岗岩

晶体形状

岩浆缓慢冷却使矿物晶体发育成完好的自形晶，岩浆快速冷却则会形成劣形晶。

▲ 更长环斑花岗岩

结 构

结构是指矿物颗粒或晶体的排列方式。

▲ 贝壳石灰岩

粗粒岩的碎屑肉眼可见，如砾岩、角砾岩和砂岩；中粒岩的颗粒可用便携式放大镜分辨，如砂岩；细粒岩的颗粒可用显微镜观察，主要包括页岩、黏土岩和泥岩。

▲ 玄武岩浮岩

颜 色

矿物的颜色是矿物化学性质的精确指标，可以反映出某种矿物的含量。酸性岩呈浅色，基性岩呈深色，中性岩则在两者之间。

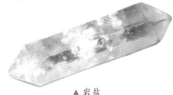

▲ 文象伟晶岩

化学成分

根据化学成分，岩浆岩可分为以下几类：酸性岩，含 65% 以上的硅酸盐和 10% 以上的石英；中性岩，含 55%~65% 的硅酸盐；基性岩，含 45%~55% 的硅酸盐和 10% 以下的石英；超基性岩，硅酸盐含量小于 45%。

▲ 欧泊

沉积岩的性质

沉积岩有两个显著特征，可以很容易地与岩浆岩、变质岩区分开来：一是沉积岩以层状产出，通常可以顺层剥离；二是沉积岩一般含生物化石。而岩浆岩从不含化石，变质岩中化石也比较少见。

成 因

岩石颗粒经过风力、流水、冰川等搬运，沉积于陆地、河湖以及海洋，主要形成于地表或接近地表的地方。

▲ 岩盐

化 石

沉积岩中保存了大量的动植物化石，这些化石有助于古生物学、地球学等学科的研究，如海洋生物化石可以说明岩石是在海洋环境下形成的。

▲ 泥岩

颗粒形状

沉积岩的颗粒形状取决于它的搬运方式，例如风蚀作用会形成圆形颗粒，流水作用则会形成带棱角的沙砾状颗粒。

颗粒大小

沉积岩的颗粒大小通常用粗粒、中粒和细粒等术语表述。

分 类

沉积岩可根据其岩石颗粒的来源，分为碎屑岩、生物岩和化学岩。碎屑岩含有先成岩的颗粒；生物岩含有壳或其他化学碎屑；化学岩是化学沉淀的产物。

▲ 砂岩

变质作用的类型

变质岩是岩浆岩、沉积岩在高温、高压的作用下形成的。

▲ 石灰华

区域变质作用

区域变质作用是指造山带附近的温度和压力作用，变质作用最强，变质范围可达几千平方千米，形成区域变质岩。以下举例说明在不同的压力作用下，页岩是如何形成不同的变质岩的。

无压力：页岩是一种细粒沉积岩，含有黏土矿物、石英和化石，无压力时，不变质。

低压：在低压状态下，页岩会扭曲或损坏，形成板岩。

中压：在中压状态下，页岩形成中粒片岩。

高压：在高压、高温热液活动强烈的地质环境中，页岩会变成粗粒的片麻岩。

▲ 钾盐

接触变质作用

接触变质作用是指岩浆侵入体周围或熔岩流附近的温度和压力作用，接触变质岩就是在温度和压力的直接作用下形成，而变质带的范围与岩浆或熔岩的温度或侵入体的大小有关。高温不仅改变了原岩中的矿物，引起重结晶，而且也使所含化石消失。如悬崖底部的深色粗粒玄武岩在侵入的黑色页岩热流作用下形成较轻的角质岩，砂岩则在温度和压力作用下变成结晶、无孔的石英岩。

动力变质作用

动力变质作用是指在发生大规模地壳运动时，在地壳内，尤其是在断层附近，产生的挤压作用。这时大块岩石挤压在一起，它们相互接触的地方被研磨粉碎，形成糜棱岩。

▲ 化石页岩

变质岩的性质

变质岩的典型特征之一就是组成岩石的矿物呈晶体状，晶体的排列方向由温度和压力决定，晶体的颗粒大小直接反映了它们所受的温度和压力强度。因此，我们可以通过观察变质岩中的晶体来确定其成因。

构 造

构造是指矿物在岩石中的排列和分布特点，如接触岩晶质构造，晶体排列不规则，而区域变质岩则呈片理构造，压力使某些矿物排成直线。

▲ 云母片岩

颗粒大小

从颗粒大小可以判断岩石形成的温度和压力条件，一般压力越大、温度越高，形成的岩石颗粒就会越大。因此，低压下形成的板岩为细粒，中压下形成的片岩为中粒，高温、高压下形成的片麻岩为粗粒。

▲ 粒状片麻岩

温度和压力

变质作用产生的温度为250℃ ~800℃，低于这个温度则不能产生变质作用，而高于这个温度，岩石会熔化成岩浆或熔岩。变质作用产生的压力为2000~10000 千帕，低于这个压力不能产生变质作用，而高于这个压力，岩石呈粉末状。

▲ 泉华

矿物含量

变质岩中的特有矿物对鉴定很有帮助，如石榴子石和蓝晶石存在于片岩和片麻岩中，黄铁矿晶体常嵌生于板岩的劈理面，而水镁石则出现在大理岩中。

▲ 白垩

岩石鉴定

岩石鉴定主要分三步：

第一步，判断岩石是岩浆岩、沉积岩，还是变质岩。

岩浆岩呈晶质结构，由矿物晶体互相联结聚集而成。岩石里的晶体，或无规律聚集，或显示出某种方向性。岩浆岩没有沉积岩的层理结构，也没有变质岩的片理结构。有些熔岩还充满气孔。不含化石。

▲ 橄榄岩

沉积岩有明显的层理，其矿物颗粒联结松散，用手指即可抠下。除此之外，最重要的是沉积岩含有化石，可依此与岩浆岩和变质岩区别。

▲ 砂岩

变质岩分为两类，一类是区域变质岩，有独特的片理结构，呈波浪状，不像沉积岩的层理面那样平坦；另一类是接触变质岩，其晶体呈不规则排列。

▲ 云母片岩

第二步，确定颗粒大小。

在确定岩石类别之后，就要确定岩石颗粒大小，可分为细粒、中粒、粗粒。这里要特别注意：颗粒大小是指组成岩石的颗粒大小，而不是嵌生其中的个别晶体的大小。

▲ 玄武岩

第三步，考虑岩石的其他特征，如颜色、构造、矿物组合等。

根据前两步判断出岩石类别和岩石颗粒大小之后，再综合其他特征做出准确判断。

如果是岩浆岩，下一步就是观察颜色。酸性岩富含密度小的淡色硅酸盐，颜色浅；基性岩和超基性岩富含密度大的铁镁矿物，颜色深；中性岩，其矿物含量在前两类之间，颜色也深浅居中。

▲ 淡辉长岩

如果是沉积岩，就要观察它的矿物成分。沉积岩按照矿物成分可分为四类：一是主要含岩石碎屑的岩石；二是主要含石英碎屑的岩石，石英通常呈灰色，且很坚硬，易于辨认；三是主要含碳酸钙的岩石，含碳酸钙的岩石不仅颜色浅淡，而且与稀盐酸作用，还会起泡；四是含其他矿物的岩石。

▲ 角砾岩

如果是变质岩，那就应该观察它是否具有片理结构，片理是变质岩最突出的特征之一，即在温度和压力作用下，某些矿物的定向排列。

▲ 变质石英岩

191

花岗岩

花岗岩属于酸性岩浆岩中的侵入岩，是最常见的一种岩石，有浅肉红色、浅灰色、灰白色等。中粗粒、细粒结构，块状构造。也有一些为斑杂构造、球状构造、似片麻状构造等。

主要由长石、黑白云母和石英等组成

岩石结构

主要矿物为石英、钾长石和酸性斜长石，次要矿物则为黑云母、角闪石，有时还有少量辉石。副矿物种类很多，常见的有磁铁矿、榍石、锆石、磷灰石、电气石、萤石等。

品种鉴别

粉红花岗岩主要由长石、黑白云母和石英等组成。颜色比较浅，常见为灰白色和肉红色等。晶体颗粒大于5毫米。

主要用途

粉红花岗岩的外形美观、质地坚硬、结构均匀，主要可用来制作墙砖和地砖。

颜色比较浅，常见为灰白色和肉红色等

主要成分有钾长石（微斜长石和正长石）、钠斜长石等

白色花岗岩

白色花岗岩属于一种酸性岩，硅酸盐含量高达65%，石英含量也达20%，主要成分有钾长石（微斜长石和正长石）、钠斜长石等。由于其中含有角闪石和黑云母，岩石表面时会带有斑点，偶尔也含色浅透明的白云母。白色花岗岩主要在深成环境中形成。

含有深色的黑云母和浅色的白云母

白色微花花岗岩

白色微花花岗岩主要含有深色的黑云母和浅色的白云母，若黑云母聚集，它的颜色则会变深。白色微花花岗岩主要在伟晶岩外缘形成，也常见于中等深度的小型岩浆侵入。晶体较小，0.5~5.0毫米，颗粒的大小均匀，但较多晶体呈他形。

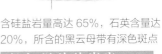

含硅盐岩量高达65%，石英含量达20%，所含的黑云母带有深色斑点

粉红微花花岗岩

粉红微花花岗岩是花岗石的一种，主要在岩脉和岩床中产生，由岩浆在地表下凝结成的岩浆岩，构成了地壳的主要成分，为深层侵入岩。晶体的颗粒大小在0.5~5.0毫米之间，大小基本一致。

| 形成：侵入 | 粒度：粗粒 | 分类：酸性 | 产状：深成岩体 | 颜色：浅色 |

外形美观、
质地坚硬

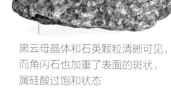

黑云母晶体和石英颗粒清晰可见，
而角闪石也加重了表面的斑状，
属硅酸过饱和状态

斑状花岗岩

斑状花岗岩是岩浆在地壳深处通过两个阶段冷凝而形成的花岗岩。因岩石表面具有似斑状结构，故又称似斑状花岗岩。它是一种分布较为广泛的酸性深成岩，硅酸岩量高达65%~75%，石英含量达20%。主要的矿物成分为正长石、酸性斜长石、钠长石和石英，偶尔也含有少量的黑云母和普通角闪石等。次要矿物为磁铁矿和斜长石。副矿物为榍石。斑状花岗岩因斑晶构成花纹，常作为装饰材料。

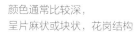

颜色通常比较深，
呈片麻状或块状，花岗结构

具有极为特殊的更长环斑结构，
即史长环结构

颜色通常呈灰白色，
粗粒等粒结构，块状构造

粗粒花岗岩

粗粒花岗岩主要在地壳深处形成，属于一种酸性深成岩，在自然界中比较常见。主要矿物为钾长石、酸性斜长石和石英，其中钾长石含量多于斜长石。在湿热的条件下，也易受化学风化所影响，石英会保留粗的砂粒，长石则会因高岭石化成黏土，形成带黏土的风化物。

紫苏花岗岩

紫苏花岗岩属于一种中酸性侵入岩或变质岩，与花岗岩和英云闪长岩成分相当，与粗粒片麻岩的外貌相似。紫苏花岗岩主要在高温、高压的变质岩区中形成，多与麻粒岩和斜长岩等伴生。主要成分为紫苏辉石、石榴子石、斜长石、碱性长石、钾长石、石英或透辉石等。其次，岩石中普遍存在熔体交代结构，主要由结晶相矿物和残晶相矿物组成。

更长环斑花岗岩

更长环斑花岗岩属于花岗岩类岩石，具有极为特殊的更长环斑结构，即更长环结构。基质矿物主要为钾长石、黑云母、石英和角闪石等，副矿物有磷灰石、锆石、金属矿物等。更长环斑花岗岩主要在地壳内部深处形成，多与其他中酸性侵入岩共生，主要可用来作装饰石料。

193

辉长岩

辉长岩是一种基性深成侵入岩，是深部洋壳的代表性岩石之一，在自然界中分布较为广泛。岩石主要成分为辉石（透辉石、普通辉石、紫苏辉石）和富钙斜长石，同时还含有橄榄石、角闪石、黑云母、正长石、斜方辉石以及含铁的氧化物等，有时也含有少量的石英和碱性长石。伴生的矿物有铁、铜、钛、镍、磷等。

主要成分为辉石和富钙斜长石

主要用途

因其美观和耐久性，常用作高档饰面石材。

自然成因

辉长岩主要在深部地壳或上地幔的玄武质岩浆经侵入作用形成。

颜色为灰黑色

矿物成分

辉长岩主要矿物成分为辉石和富钙斜长石，两者含量近于相等。
次要矿物为橄榄石、角闪石、黑云母、石英、正长石和铁的氧化物等。

岩石结构

结构构造均匀，等粒岩石，耐久性很高，有时具美丽的花纹和图案，磨光后极富装饰性。

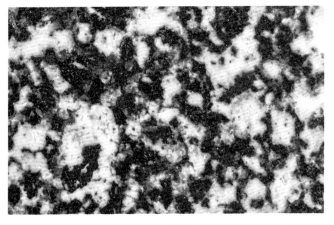

中粒至粗粒，通常呈块状构造或层状构造

（品种鉴别）

辉长岩的化学成分与玄武岩类相同，但后者主要是玻璃质。
辉长岩按浅色矿物斜长石和深色矿物辉石、橄榄石成分的百分比含量，分浅色辉长岩、辉长岩和深色辉长岩。
按次要矿物的种属分，分为橄榄辉长岩、角闪辉长岩、正长石辉长岩、石英辉长岩和铁辉长岩。

| 形成：侵入 | 粒度：中粒至粗粒 | 分类：基性 | 产状：深成岩体 | 颜色：中等 |

钙长岩

钙长岩中含有较多的斜长石，至少达 90%，但硅元素的含量较少，几乎不含石英，其他矿物还包括辉石、橄榄石和铁氧化物，偶尔会有石榴子石围绕它而形成反应边。

含有较多的斜长石，浅色斜长石

自然成因
钙长岩主要在深成岩体中形成，常见于岩株、岩脉和层状的侵入体，通常与辉长岩和在层状分异中共生。

岩石结构
所包含的深色矿物常平行排列。

颗粒较粗

形成：侵入	粒度：粗粒	分类：基性	产状：深成岩体	颜色：浅色

苏长岩

苏长岩属于基性侵入岩的一种，主要由拉长石、培长石或中长石和斜方辉石组成，此外还有橄榄石、角闪石、董青石和黑云母等。颜色呈灰褐色、黑灰色等，与苏长岩有关的矿产有铜、铁、镍、铂等。

辉长岩的变种

颜色通常比较深，密度较大

自然成因
苏长岩主要形成于深成环境中的岩浆冷凝作用，通常与较大的基性岩体相伴而生，同时多与超镁铁质岩及辉长岩共生，偶尔也见于层状岩浆侵入中。

岩石结构
苏长岩主要结构为中粗粒半自形结构、似斑状结构，常见的也有辉长结构、辉长辉绿结构、反应边结构和嵌晶含长结构。

矿物成分
矿物成分主要为斜方辉石和斜长石。
次要矿物为单斜辉石、橄榄石、角闪石等。

特征鉴别
苏长岩根据其次要矿物含量和特征结构可进一步命名为橄榄苏长岩、辉长苏长岩。
苏长岩的蚀变表现为斜长石的钠黝帘石化、辉石的纤闪石化。

形成：侵入	粒度：中粒	分类：基性	产状：深成岩体	颜色：深色

闪长岩

闪长岩是一种典型的中性岩，是全晶质中性深成岩的代表。主要成分为斜长石和几种暗色矿物，其中，暗色矿物常见为角闪石、辉石和黑云母，还有少量的石英和钾长石等，也是花岗石石材中主要的岩石类型之一。副矿物主要有磁铁矿、钛铁矿、磷灰石和榍石等。

主要用途

闪长岩具有独特的风格，可用来作饰面石材，也可用来制作台阶及阳台地板。

自然成因 ————————

闪长岩主要以独立侵入岩的形式形成，属于花岗岩岩体的一部分，时常与基性岩、酸性岩或碱性岩伴生，成为种类岩石的边缘部分。

产地区域

● 中国著名产地有山东和吉林等。

颜色较深，常见为灰黑色、浅绿色或带有深绿斑点的灰色，颗粒均匀

常呈小型岩体产出，如岩脉、岩床和岩株等

岩石结构

闪长岩具有等粒结构，偶尔也由长石或角闪石斑晶构成斑状结构。

通常为半自形粒状，也呈块状构造

矿物成分

闪长岩主要矿物成分为石英、斜长石、钾长石。斜长石通常比钾长石多，暗色矿物含量较高。主要伴生矿物为铜、铁等。

| 形成：岩浆 | 粒度：中粒、粗粒 | 分类：中性 | 产状：深成岩体、岩脉 | 颜色：中等、深色 |

石英闪长岩

石英闪长岩具半自形粒状结构，石英含量较多，暗色矿物含量15％左右，斜长石占一半以上。

颜色通常比较浅

花岗闪长岩

花岗闪长岩是花岗岩向闪长岩过渡的一种中酸性岩石，主要矿物成分为石英、斜长石、钾长石。主要伴生矿物为铜、铁等。斜长石比钾长石含量多，斜长石占长石总量的2/3左右，暗色矿物含量较高，以角闪石为主，部分为黑云母。

新鲜面呈白色，
风化面呈黄色

英云闪长岩

英云闪长岩是一种显晶质中酸性深成岩。主要由斜长石和石英、黑云母组成，有时含角闪石和辉石，副矿物有磷灰石、榍石、磁铁矿。

中粒花岗结构，
块状构造

白色花岗闪长岩

白色花岗闪长岩主要在多种岩浆侵入体中形成，晶体发育较为完整，但偶见填隙的石英为他形。所含的硅元素比花岗岩的硅元素含量稍微少些，为55%~65%，但灰色石英和白色长石这两种元素占有很大的比例，其中，深色云母和角闪石呈现出斑状，主要可用来作建筑石材，主要矿物成分为长石、石英、黑云母和角闪石。

流纹岩

流纹岩是一种火山酸性喷出岩，分布较为广泛，按特征和产出的地质环境可以分为钙碱性和碱性两个系列。其主要矿物成分与花岗岩相同，斑晶通常由石英和碱性长石组成。熔岩在快速冷凝的过程中产生玻璃质，二氧化硅含量为69%。

颜色主要为粉红色、砖红色或灰色

晶体通常呈方形板状，具有玻璃光泽，有节理，细粒，易产生气孔和杏仁子

自然成因

流纹岩主要在黏稠的熔岩冷凝作用下形成。

岩石结构

流纹岩的基质晶体十分微小，用肉眼很难辨认。常含有斑晶，通常呈斑状结构。

矿物成分

流纹岩的化学成分很像花岗岩。斑晶中可能有石英、碱性长石、奥长石、黑云母、角闪石或辉石。

产地区域

● 世界范围的主要产地有美国、日本、俄罗斯等，全球范围内广泛分布。
● 中国主要产地为东部沿海地区。

品种鉴别

流纹岩与花岗岩极为相似，区别在于：
花岗岩中含有白云母，而流纹岩中白云母非常罕见。
花岗岩中碱性长石是一种含钠很少的微斜长石，但在流纹岩中却是富含钠的透长石。
在流纹岩中，钾元素含量超过钠元素含量很多。

形成：喷出	粒度：细粒	分类：酸性	产状：火山	颜色：浅色

浮 石

　　浮石，又名轻石、浮岩和江沫石，是一种玻璃质酸性的火山喷出岩，成分与流纹岩相当。它的主要成分为二氧化硅，一般也由钾、铝、钠的硅酸盐组成，偶尔也含氯、镁等海水中存在的物质。岩石质地细腻且软，孔隙多，比重也较小，能在水面浮起。强度高、质量轻、耐酸碱、耐腐蚀，同时无污染、无放射性等。

非晶质，
颜色通常为黑色、黑褐色或暗绿色，
也有呈白色和浅灰色，偶尔呈浅红色

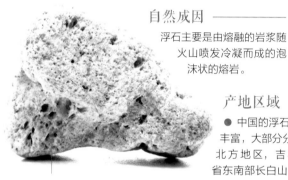

自然成因
　　浮石主要是由熔融的岩浆随火山喷发冷凝而成的泡沫状的熔岩。

气孔体积较大，占岩石体积的 50% 以上

产地区域
● 中国的浮石资源十分丰富，大部分分布在北方地区，吉林省东南部长白山天池附近及火山分布区有产出，在沿海地区也多有分布。

主要用途
浮石是极天然、绿色、环保的产品，广泛用于建筑、园林、纺织、制衣、制作护肤品等。

玻璃质，偶尔含少量结晶质矿物，表面暗淡或具丝绢光泽，性脆

岩石结构
浮石具有高度渣状结构，带有许多空洞和孔隙。

特征鉴别
多孔、轻质，成分相当于流纹岩。

形成：喷出　　粒度：细粒　　分类：酸性至基性　　产状：火山　　颜色：中等

黑曜岩

　　黑曜岩是一种酸性玻璃质的火山岩，二氧化硅含量70%，含水量仅2%，成分与花岗岩相似。

　　除了含有少量的斑晶和雏晶外，几乎全由玻璃质组成。非晶质，无节理，具有玻璃光泽，断口呈贝壳状。

主要用途

黑曜岩应用较为广泛，可用于化工、建筑、石油、冶金、制药等。还可用来制作装饰品和工艺品。

自然成因

黑曜岩主要由黏稠的酸性熔岩快速冷凝而形成，常与火山岩、珍珠岩、松脂岩等共生，并在流纹岩质熔岩流的上部，有时也作为岩墙和岩床的薄边产生。

岩石结构

玻璃质，偶尔会有长石斑晶和石英。断裂后会形成贝壳状的锐利断口。

矿物成分

成分与花岗岩接近，内含磁铁矿、辉石成分的微晶和雏晶，和松脂岩、珍珠岩统称为酸性火山玻璃岩，是一种致密块状或熔渣状的酸性玻璃质火山岩。

黑曜岩

　　黑曜岩常具斑点状和条带状构造。致密块状，偶见石泡构造。具玻璃光泽，断口为贝壳状。

晶体通常呈致密块状，有时也呈石泡构造，
偶尔会有长石斑晶和石英

雪花黑曜岩

　　雪花黑曜岩产生于熔岩迅速冷凝作用下，属于黑曜岩的一种，也是一种非纯晶质的宝石。主要是由火山岩浆流到地面后快速冷却而产生，当形成黑曜岩的玻璃质不透明时，则会在岩石的表面产生独特的灰白色"雪花"，因此得名。

颜色多为灰黑色，较暗，
雪花黑曜岩呈白色微晶斑

| 形成：喷出 | 粒度：极细粒 | 分类：酸性 | 产状：火山 | 颜色：暗色 |

玄武岩

玄武岩属于一种基性火山岩，主要成分为基性长石和辉石，含有橄榄石、黑云母及角闪石等次生矿物，同时也是地球洋壳和月球月海的主要组成物质。呈斑状结构，杏仁构造和气孔构造较为普遍，有些玄武岩因气孔特别多致使重量比较轻，甚至能浮于水中，因此这种玄武岩也称"泡石"。

主要用途

玄武岩主要用来生产铸件；也广泛用于化工、冶金、电力、煤炭、建材、纺织和轻工等工业领域；也可用来生产玄武岩纸、石灰火山岩无熟料水泥、装饰板材、人造纤维；还是陶瓷工业中的节能原料。

产地区域

● 中国主要产地有福建省宁德市福鼎市、河南省洛阳市蔡店乡、黑龙江省牡丹江市宁安市镜泊湖北、安徽省滁州市明光市以及云南省保山市腾冲市腾冲火山群附近。

自然成因

玄武岩主要由火山喷发的岩浆冷却后凝固而形成，常见于极厚的熔岩层中，同时也是海底的主要构成岩石。

通常呈斑状，表面较为粗糙，挂膜的速度极快，反复冲洗不易脱落

多孔状玄武岩

多孔状玄武岩主要在熔岩的冷凝作用下形成，是一种泡沫状结构的岩石，主要矿物成分为氧化铁、氧化镁、氧化钙、二氧化硅、三氧化二铝等，其中含量最多的是二氧化硅，达45%~50%。岩石具天然蜂窝多孔，同时也是菌胶团最佳的生长环境。无尖粒状，对水流的阻力较小，不易堵塞，无辐射，同时具有远红外磁波。

颜色常见为黑色、黑褐色及暗绿色，有时也呈青灰色、暗红色、黄色、橙色等

杏仁状结构、斑状结构和基质隐晶结构，其中杏仁状主要为被矿物填充的气孔

杏仁状玄武岩

杏仁状玄武岩主要在熔岩冷凝作用下形成，属于一种深灰色的基性喷出岩，主要成分为辉石和斜长石，基质为斜长石和玻璃质。结晶的情况主要与火山喷出地表的岩浆冷却速度有关。冷却缓慢时可形成长的晶体，冷却迅速时会形成细小的板状、针状晶体或非晶质的玻璃状物。

玄武岩

玄武岩的颗粒极小，即使在十放大镜下也不易看清。

主要用途

多孔状武岩是一种功能型的环保材料，广泛应用于建筑、滤材、水利、研磨、烧烤炭及园林造景等。

| 形成：喷出 | 粒度：细粒 | 分类：基性 | 产状：火山 | 颜色：暗色 |

云母伟晶岩

云母伟晶岩属于一种伟晶岩，硅酸盐量达65%，石英含量20%，同时也是一种酸性岩，成分与花岗岩相同。常由特别粗大的晶体组成，具有一定的内部构造特征的规则或不规则的脉伏体。

含有的白云母能形成大薄片，尺寸超过6厘米

自然成因

云母伟晶岩主要在地表深处的深成岩中形成。因岩浆冷却速度缓慢，通常与后期热液伴生，也常带有稀有元素。

岩石结构

云母伟晶岩是由岩浆缓慢凝结而成，它还含有黑云母和长石。

常发育成巨大的晶体，颜色较浅，极粗粒

形成：岩浆	粒度：极粗粒	分类：酸性	产状：深成岩体、岩脉、矿床	颜色：浅色

松脂岩

松脂岩属于一种酸性玻璃质火山岩，含水量为4%~10%，颜色多样。岩石的容重小，膨胀性较好，耐酸绝缘，基质为玻璃质，斑晶量较多，斑晶矿物主要为石英、斜长石和碱性长石，同时还含有较少的辉石和普通角闪石的晶体。

主要用途

松脂岩主要用来制作膨胀珍珠岩；并广泛用于化工、建筑、电力、石油、冶金、铸造、制药等；还可用作保温、隔音材料及土壤改良剂等。

颜色有红色、黄色、绿色、褐色、白色、灰色或黑色等

产地区域

● 中国主要产地有内蒙古、辽宁、吉林、黑龙江、山西、山东、河南、河北、江苏、浙江、江西和湖北等。

岩石结构

松脂岩呈微粒状，在显微镜下观察难以发现发育完好的晶体。

自然成因

松脂岩主要在火山岩中形成，多与珍珠岩、黑曜岩等共生，也形成于黏性的熔岩或岩浆迅速冷凝作用中。

形成：喷出	粒度：极细粒	分类：酸性至基性	产状：火山、岩脉、岩床	颜色：暗色

金伯利岩

　　金伯利岩，旧称为角砾云母橄榄岩，主要是一种蛇纹石化的斑状金云母橄榄岩，同时也属于碱性或偏碱性的超基性岩，在自然界中不常见，通常呈较小的侵入体产出。金伯利岩主要分布在地壳较为稳定的地区，通常呈岩筒、岩床和岩墙等。

主要用途

　　金伯利岩是产出金刚石的岩浆岩之一。
　　但并不是所有的金伯利岩都含金刚石，金刚石含量较丰富的金伯利岩岩体不多。

主要矿物有辉石、橄榄石和云母，次要矿物有钻石、石榴石和钛铁矿

颜色多为黑色、灰色和暗绿色等

自然成因

　　金伯利岩主要由地壳深处的岩浆快速上升冷却而形成。

具有斑状结构、细粒结构和火山碎屑结构

岩石结构

　　金伯利岩是金刚石的母岩，具有斑状结构或角砾状结构。常见构造包括块状构造、角砾状构造及岩球构造等。

产地区域

● 世界主要产地有澳大利亚昆士兰州与北领地地区。
● 中国主要产地有山东、辽宁和新疆和田等。

矿物成分

　　金伯利岩矿物成分复杂，包括原生矿物、地幔地壳矿物、蚀变次生矿物。

形成：喷出	粒度：细粒至粗粒	分类：超基性	产状：火山	颜色：深灰色

安山岩

主要用途

安山岩主要应用在研究利用有关矿产金、银、铜、黄铁矿等，也可以作为建筑材料。

自然成因 ————

安山岩主要在快速冷凝的熔岩中形成，或者在火山熔岩流的形式下形成。

岩石结构

安山岩分杏仁状安山岩和角闪安山岩。

杏仁状安山岩为杏仁构造，但岩石的表面会有许多圆形的气孔，主要被沸石类的矿物填充，也称为杏仁孔。

角闪安山岩为斑状结构，块状构造。

岩石的基质通常呈深浅适中的灰色，细粒

产地区域

● 主要在大陆壳区产出，中国西藏日喀则地区也有产出。

斑状结构，
也具有隐晶质结构，
斑晶多为斜长石

杏仁状安山岩

杏仁状安山岩的主要矿物成分有角闪石、斜长石、黑云母或辉石等。岩石易氧化，成分中的角闪石会变成绿泥石，斜长石则常变为绢云母，而气孔的存在也会加强氧化作用。

角闪安山岩

角闪安山岩属于一种中性钙碱性喷出岩，暗色矿物为角闪石的安山岩。斑晶常由角闪石和中长石组成，含量达 20%；角闪石主要为棕色的玄武岩，具暗化边或全部暗化仅保留其假象。

角闪安山岩在热液作用下，易发生青磐岩化，转变为绿色或灰绿色。原岩矿物变为绿泥石、钠长石、黝帘石、阳起石、方解石、绢云母和黄铁矿，也可发生次生石英岩化、叶蜡石化、高岭石化等蚀变。

颜色通常为紫色和棕色，
具有斑状结构

基质呈隐晶质，带有斑晶，
通常呈针状，具有金属光泽

| 形成：喷出 | 粒度：细粒 | 分类：中性 | 产状：火山 | 颜色：中等 |

辉绿岩

辉绿岩属于一种基性浅成侵入岩岩石，主要成分为辉石和基性斜长石，同时还含有少量的橄榄石、磷灰石、钛铁矿、磁铁矿、黑云母和石英等，与辉长岩的浅成岩相似。基性斜长石也常蚀变为绿帘石、黝帘石、钠长石等矿物集合体及高岭土等，辉石常蚀变为角闪石、绿泥石和碳酸盐等。基性斜长石常构成辉绿结构，显著地较辉石自形。

晶质，
颜色通常呈深灰色、灰黑色等，
呈岩株状

矿物成分

辉绿岩主要由辉石和基性斜长石组成，含少量的橄榄石、黑云母、石英、磷灰石、磁铁矿、钛铁矿等。

辉绿岩跟辉长岩的成分相近，不同的是，辉绿岩形成得比较浅，没有辉长岩深，所以粒度较小。

具有辉绿结构或次辉绿结构

岩石结构

晶状物，常呈岩株状，具有辉绿结构或次辉绿结构。

主要用途

辉绿岩是造铸石的原料，同时也是重要的耐磨和耐腐蚀性的工业材料。

产地区域

● 中国主要产地有贵州、浙江、河南、山西等。

自然成因

辉绿岩主要由地壳深处的玄武质岩浆侵入浅处结晶而形成，常见于岩脉、岩墙、岩床或玄武岩火山口中，多呈岩株状，偶尔也在造山带单独出现。

常呈浅成侵入体，如岩墙、岩床、火山颈等

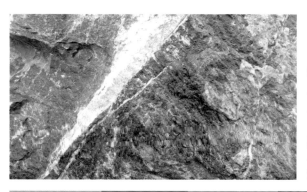

品种鉴别

按次要矿物的不同，辉绿岩可分为橄榄辉绿岩、石英辉绿岩，若含沸石、正长石等，称碱性辉绿岩。

辉绿岩常于岩脉、岩墙、岩床或充填于玄武岩火山口中，产出时多呈岩株状。

辉绿岩也常在造山带单独出现。

| 形成：侵入 | 粒度：中粒 | 分类：酸性 | 产状：深成岩体 | 颜色：深灰、灰黑色 |

205

石英斑岩

石英斑岩是花岗岩类的熔岩和部分次火山岩的统称，成分中含有流纹岩，还含有少量的正长石、透长石或黑云母斑晶，深色矿物含量较少。当石英斑岩中的流纹岩产生次生变化时，长石会变得暗淡无光，石英斑晶会较为明显，形成石英斑岩。

颜色多为红色、灰绿色或浅灰色

自然成因 ——
石英斑岩主要在岩浆冷凝过程的两次结晶中形成。

通常呈斑状结构，块状构造，也常呈脉状产出，偶尔呈浅成岩体的边缘相

隐晶质岩石，霏细结构

岩石结构
斑状结构，块状构造。

形成：侵入	粒度：中粒	分类：酸性	产状：岩脉、岩床	颜色：浅色、中等

石英二长岩

石英二长岩是一种介于花岗石和花岗闪长岩之间的岩石，含有氧化钙、氧化钾、氧化钠、二氧化硅和三氧化二铝，主要微量元素为钛、铷、锶、锆、铪等。其主要成分为碱性长石、斜长石及石英，其中石英的含量为5%~10%，若碱性长石和石英含量同时增加，会变成花岗岩。与石英二长岩相关的矿物有铜矿和钼矿。

含有的黑云母会使石英二长岩呈现斑状外观，基质中也会带灰色石英小颗粒

主要用途

石英二长岩的全风化物可用作路堤基床底层填料。因为它具有良好的可压实性，与粗粒料进行物理改良后，可改善力学性质等优点。

矿物成分

石英二长岩主要造岩矿物成分为斜长岩、钾长岩、角闪石、石英、黑云母、辉石等。其矿物成分主要为石英和长石，其次以蒙脱石和高岭土等矿物为主。

晶体颗粒大小相等，通常呈斑状

岩石结构
石英二长岩的晶体颗粒大小相等，通常呈斑状，肉眼可见。

自然成因 ——
石英二长岩主要形成于伴随着巨大的深成岩体在岩浆中。

形成：侵入	粒度：粗粒	分类：酸性	产状：深成岩体	颜色：浅色

正长岩

正长岩主要为一种岩浆岩，属于中性深成的侵入岩，主要成分为长石、角闪石和黑云母，偶尔也含有少量的石英。次要矿物为暗色矿物、石英和似长石。副矿物有磁铁矿、磷灰石、榍石和锆石等。其二氧化硅的含量与闪长岩相同，达60%，但氧化钠和氧化钾含量稍高。

主要用途

正长岩主要用来作建筑材料。

自然成因

正长岩主要在小侵入体、岩脉和岩床中产生，通常与花岗岩共生。

矿物成分

主要矿物为碱性长石和斜长石。
次要矿物为暗色矿物、石英、似长石。
副矿物有磷灰石、磁铁矿、榍石、锆石等。

岩石结构

正长岩的颗粒大小十分相近，用肉眼就可以分辨出来。
在正长岩与闪长岩过渡的二长岩中，常见二长结构，钾长石分布于间隙中，或斜长石斑晶体嵌在大块的钾长石之中。

颜色多为浅灰色，具有等粒或似斑状结构，也呈块状或似片麻状等构造

正长斑岩

正长斑岩是一种较为常见的浅成岩，主要成分与正长岩相近。通常呈块状构造，是板状长石呈定向或半定向排列。二长结构主要在与闪长岩过渡的二长岩中出现，斜长石的自形程度比较高，而碱性长石则呈他形分布在其间隙中，或是斜长石嵌布于大块的碱性长石中。正长斑岩主要在小侵入体、岩脉和岩床中形成，多与花岗岩共生。正长斑岩晶体的颗粒大小较为相近，用肉眼就可以分辨。

斑状结构，斑晶通常为正长石，也可见透长石或斜长石

基质为微晶、似粗面结构或交织结构

斜方斑岩

斜方斑岩属于一种中性岩，又称微正长岩。斜方斑岩主要在熔岩流和岩脉中形成。主要成分为角闪石、辉石、碱性长石和黑云母，其中硅酸盐含量达55%~65%，石英含量为10%，斜方斑岩中，长石斑晶的横截面通常呈菱形。

颗粒大小中等，具有斜长石斑晶

横截面通常呈菱形

| 形成：侵入 | 粒度：粗粒 | 分类：中性 | 产状：深成岩体、岩脉 | 颜色：浅色、深色 |

文象伟晶岩

　　文象伟晶岩主要由长石、石英和白云母等矿物组成，截面上石英呈长条状，似楔形文字，故而得名。岩石中的石英和钾长石形成有规则共生的一种文象结构，可互结成楔形连晶，脉体内部石英颗粒增大，形状从细长变为粒状，逐渐过渡为准文象伟晶岩。

颜色多呈浅灰色

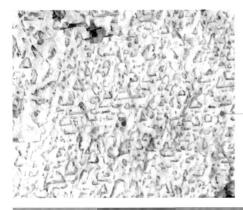

自然成因

文象伟晶岩主要在石英与碱性长石的共结情况下产生，也在交代作用或固溶体分解的情况下形成，常见于伟晶岩及花岗岩的边缘带。

长石与石英共结，截面上石英通常呈长条状，类似楔形文字

产地区域

● 中国主要产地有新疆可可托海等。

岩石结构

块状构造，文象结构。因冷凝的速度缓慢，形成了极粗的颗粒，用肉眼能轻松辨别。

| 形成：侵入 | 粒度：粗粒 | 分类：酸性 | 产状：深成岩体、岩脉、岩床 | 颜色：浅色 |

纯橄榄岩

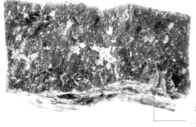

　　纯橄榄岩属于一种超基性侵入岩，又名邓尼岩，主要成分为橄榄石，含量高达 90%~100%，同时含有少量的磁铁矿、钛铁矿、磁黄铁矿、铬铁矿、自然铂和辉石。新鲜的纯橄榄岩通常为地幔岩包体，且易发生蚀变多为蛇纹石化，但新鲜未蛇纹石化的较为少见，通常与橄榄岩、辉长岩、辉石岩等形成杂岩体。

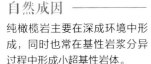

岩石结构

粒状结构和糖粒状结构，晶体的颗粒直径大小为 0.5~5.0 毫米。块状构造，富含铁矿物的常呈海绵陨铁结构。

颜色通常为橄榄绿、褐绿色或黄绿色

多呈致密块状，半自形粒状结构，或是粒状镶嵌结构，块状构造，若富含铁矿物，则呈海绵陨铁结构

自然成因

纯橄榄岩主要在深成环境中形成，同时也常在基性岩浆分异过程中形成小超基性岩体。

产地区域

● 世界主要产地有新西兰等。
● 中国主要产地有西藏、陕西等。

（ 特征鉴别 ）

纯橄榄岩极易发生蚀变，多为蛇纹石，常与橄榄岩、辉长岩、辉石岩等形成杂岩体。

| 形成：侵入 | 粒度：中粒 | 分类：超基性 | 产状：深成岩体 | 颜色：深色 |

蛇纹岩

蛇纹岩是一种含水的富镁硅酸盐矿物，也是深成岩的一种，属于超基性岩，主要成分为叶蛇纹石、纤蛇纹石、利蛇纹石等。因其颜色青绿相间似蛇皮，故此得名。有关的矿物有铂、镍、铬、钴、石棉、滑石和菱镁矿等。蛇纹岩质地致密，坚硬细腻，具耐火性、抗腐蚀、隔音隔热和可雕性等特点。

颜色通常较深，呈黑绿色、暗灰绿色、黄绿色或红色等，伴有蛇皮状的青、绿色斑纹，色彩鲜艳

主要用途

蛇纹岩应用于冶金工业、化学工业等；其纹理变化多，漂亮的蛇纹石可作为观赏石；还是一种良好的化肥料。

自然成因

蛇纹岩主要形成于超基性岩受低、中温热液交代作用，使原岩中的辉石和橄榄石发生蛇纹石化所产生，多见于褶皱变质岩中。

产地区域

● 中国主要产地有黑龙江、内蒙古、山东、河南、河北、江苏、安徽、江西、湖北、四川、福建、广东、广西、云南、陕西、甘肃、青海、新疆等。

岩石结构

蛇纹岩大多颗粒均肉眼可见。

隐晶质结构，在镜下见显微鳞片变晶或显微纤维变晶结构，呈致密块状或带状、交代角砾状等构造

| 形成：侵入 | 粒度：粗粒、中粒 | 分类：超基性 | 产状：造山带 | 颜色：深色 |

粗面岩

粗面岩属于一种中性火山喷出岩，在自然界中的分布不广。粗面岩因其碱性长石的微晶近平行定向排列，故本类岩石具有典型的粗面结构。斑晶主要为透长石和歪长石。含有少量的铁镁矿物，主要为黑云母，并常显暗化边。

自然成因

粗面岩主要形成于熔岩流中，通常以岩脉和岩床的形式产出，多与安山岩、流纹岩等伴生。

隐晶质，通常含有斑晶，具有块状构造，多孔或有气孔的熔渣构造，以及流纹构造

矿物成分

粗面岩主要成分为碱性长石，与正长岩相当，同时还含有少量的斜长石、角闪石、辉石、石英和铁镁矿物等。

呈斑状结构，偶尔也呈流状

岩石结构

斑状结构，块状构造。

（特征鉴别）

粗面岩呈浅灰、浅黄或粉红色，有气孔或多孔的熔渣构造。斑状结构，基质为隐晶质。

| 形成：喷出 | 粒度：细粒 | 分类：中性 | 产状：火山 | 颜色：浅色 |

云母片岩

　　云母片岩主要由云母类矿物组成，在自然界中的分布较为广泛。主要矿物成分为白云母、黑云母和矽白云母等，长石和石英也较为常见，次生矿物有方解石、斜长石、绿泥石、蓝晶石、石榴子石、十字石、磁铁矿和黄铁矿等。

颜色通常会受所含云母种类不同而产生改变

产地区域

● 主要产地为中国台湾。

主要用途

云母片岩的应用较为广泛，可用来制造汽车用离合器片、制动系统、砂轮片等；也可用于橡胶工业中的无机填料、电子与电器工业中热和电的绝缘体、电焊条制造等；同时还是制纸、塑胶工业的重要原料；其碎块还可用作药材。

自然成因

云母片岩主要产生于泥岩、页岩或凝灰岩等细粒岩经区域变质作用下，常与千枚岩或其他片岩共生，如绿泥石片岩、石英片岩等。

因有较高含量的云母，呈现出绢丝光泽，也可顺着解理面剥离

片理常呈波浪状的弯曲构造

岩石结构

矿物晶体用肉眼可以分辨。

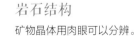

（特征鉴别）

有明显片理构造，常顺着解理面剥离，因云母含量高，呈现绢丝光泽。若母岩为砂岩，则通常变质成石英云母片岩，甚至石英片岩。

| 形成：造山 | 粒度：中粒 | 分类：区域变质 | 压力：适中 | 温度：低到适中 |

片麻岩

片麻岩属于一种变质程度较深的变质岩，主要成分为角闪石、长石、云母和石英等，其中长石和石英的含量均达 50%，但长石含量多于石英。当云母含量较多时，岩块的抗压强度会降低，沿片理方向的抗剪强度较小。

具有片麻状或条带状构造

主要用途

片麻岩是构成地壳的古老结晶基底。片麻岩的成分和结构构造是研究地壳演化历史的重要依据。

片麻岩结构致密坚固，是优质的建筑石材，其中多含非金属矿物，如石墨、刚玉、石榴子石等。

岩石结构

片麻岩是中粗粒变晶结构、片麻状或条带状构造的变质岩。

品种鉴别

因岩石的成分不同，可分为斜长片麻岩、富铝片麻岩、二长片麻岩和钙质片麻岩。

自然成因

片麻岩主要形成于岩浆岩或沉积岩经深变质作用中，也常在高温、高压作用下产生，多与变质岩浆岩、变质沉积岩、花岗岩和混合岩等伴生。

颜色多暗色与浅色

形成：造山	粒度：中粒、粗粒	分类：区域	压力：高	温度：高

角闪岩

角闪岩属于一种叶理状变质岩，主要成分为角闪石和斜长石，两者含量相近或前者比后者稍多，同时含有少量的绿帘石、透辉石、紫苏辉石、铁铝榴石、石英和黑云母等。当角闪石含量高于 50% 时，称为斜长角闪岩，而当角闪石含量高于 85% 时，则称为角闪石岩。

具有块状、片麻状和条带状构造

自然成因

角闪岩主要形成于岩浆岩变质作用中，也常由不同种类的岩石形成。

岩石结构

角闪岩有时会形成片理或叶理。

晶体颗粒为中粒至粗粒

形成：造山	粒度：中粒至粗粒	分类：区域变质	压力：高	温度：高

大理岩

大理岩产于中国云南省大理市，故此得名。主要成分为方解石和白云石，含量通常达50%，有时也高达99%，同时含有斜长石、硅灰石、透辉石、方镁石、透闪石、滑石和石英等。当大理岩含有少量的有色矿物和杂质时会产生不同的颜色花纹，如含石墨呈灰色，含锰方解石呈粉红色，含蛇纹石呈黄绿色，含符山石和钙铝榴石呈褐色，含绿泥石、阳起石和透辉石呈绿色，含金云母和粒硅镁石为黄色等。

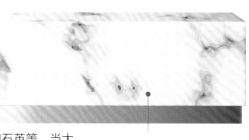

纯大理岩颜色通常为白色和灰色

主要用途

大理岩主要应用于装饰建筑石料。纯白色、细均粒、透光性强的大理岩主要用于雕刻，透光性强可以提高大理岩的光泽。

含杂质时也常带有其他颜色和花纹，如浅红色、浅黄色、绿色、褐色、浅灰色和黑色等

自然成因

大理岩主要形成于石灰岩、白云岩和白云质灰岩等经区域变质作用和接触变质作用中。

特征鉴别

大理岩遇稀盐酸会产生气泡。

具有块状结构、粒状变晶结构或条带状构造

岩石结构

在放大镜或显微镜下，常见由方解石晶体相互联结而形成的镶嵌结构。

产地区域

● 主要产地为中国云南大理，其次在北京、辽宁连山关、山东莱阳、河南镇平、河北涿鹿、江苏镇江、湖北大冶、四川南江、广东云浮和福建屏南均有产出。

| 形成：接触变质带 | 粒度：中粒、细粒、粗粒 | 分类：接触变质 | 压力：低 | 温度：高 |

黑板岩

黑板岩主要分为黏土、长石、石英和云母等，若含有有机矿物成分的黄铁矿和石墨，颜色会呈黑色。黑板岩具有独特的片理，通常是由片状矿物定向排列所致。

主要用途

黑板岩可用作室内外装饰、构件和户外园林用料等。

含有有机矿物成分黄铁矿和石墨，颜色呈黑色，有独特的片理

自然成因 ———

黑板岩主要形成于细粒泥质沉积物，如泥岩、土岩或页岩在低温、低压条件下经区域的变质作用中。

产地区域

● 主要产地为巴西。

形成：造山	粒度：细粒	分类：区域变质	压力：低	温度：低

千枚岩

千枚岩属于一种低级变质岩，在自然界中的分布较广。主要的岩石类型有绢云千枚岩、石英千枚岩、钙质千枚岩、绿泥千枚岩和炭质千枚岩等。原岩为泥质岩石（或含有硅、钙和炭的泥质岩）、粉砂岩和中、酸性凝灰岩。

具有千枚状构造，也呈细粒鳞片状结构

自然成因 ———

千枚岩主要因泥质沉积物在较强压力和较低温度的变质作用下产生。

岩石结构

千枚岩呈鳞片状结构。

片理面常带有小皱纹，呈丝绢光泽

形成：造山	粒度：细粒、中粒	分类：区域变质	压力：低、中	温度：低

黑色页岩

含有不少的有机质及细分散黄铁矿和菱铁矿，颜色多呈黑色

　　黑色页岩的主要成分为黏土矿物的混合物、石英、长石和云母，此外还含碳质、黄铁矿以及石膏等，外形与炭质页岩相似，但并不染手。在层面上也常呈立方体的晶体，具有极薄层理。当厚度大时，还可成为良好的生油岩系。在黑色页岩中还发现有铜、铀、钼、镍、钒等金属矿床。

自然成因

黑色页岩主要形成于由黏土物质沉积海洋中，也见于湖泊深水区、沼泽及淡化湖等环境中。

细粒状结构，在显微镜下可见细层理，可沿层面剥离

主要用途

黑色页岩可作为石油的指示地层。黑色页岩富含多种矿产资源，产于大型、超大型多金属矿床，可用作复合化肥以改良土壤。

岩石结构

细粒状结构，在显微镜下可见。细层理，可沿层面剥离。

特征鉴别

黑色页岩风化分解时会释放 CO_2、产生酸性矿排水、释出重金属元素等。这可能会污染环境，对环境产生严重影响。因此，开发利用黑色页岩，要特别注意其可能引发的环境问题。

| 形成：海洋 | 粒度：细粒 | 分类：碎屑岩 | 化石：无脊椎动物、脊椎动物 | 颗粒形态：棱角状 |

化石页岩

　　化石页岩属于页岩的一种，因含有丰富的化石，故得此名，主要成分与其他页岩极为相近，其中方解石的含量较高，主要源于所含化石，除了完整化石外还含有化石碎片。因颗粒微小，为棱角状，故还含有细微构造的化石，如腕足动物化石。页岩中也常保存有软体动物，如菊石、腹足类和双壳类化石，以及节肢动物、三叶虫化石，同时还含植物和脊椎动物化石。

主要成分与其他页岩极为相近，表面带有植物叶片的印迹

自然成因

化石页岩主要在浅海和淡水环境中形成。

岩石结构

细粒状，能保存微细构造的化石。

主要用途

化石页岩中含有多种多样的化石，有很高的科学价值。
研究化石页岩可以确定地层的相对时代及划分、对比地层。
可以提供环境标志及确定和恢复古沉积环境。
还可以了解化石在成岩成矿中的作用。

页岩基质，通常呈细粒状，能保存微细构造的化石

特征鉴别

化石页岩呈褐色，泥状结构，层理构造，含丰富的化石。化石页岩呈棱角状，页岩中含有大量无脊椎动物、脊椎动物及植物的化石。

| 形成：海洋、淡水 | 粒度：细粒 | 分类：碎屑岩 | 化石：无脊椎动物、脊椎动物 | 颗粒形态：棱角状 |

白垩

　　白垩属于一种微细的碳酸钙沉积物，是方解石的变种，又称白土粉、白土子、白埴土、白善、白墡、白墠等，含有少量的泥质和粉砂等，在自然界中分布较广。主要的化学成分为氧化钙（CaO）。此外，还含有大量的微生物，如石藻类和有孔虫等，可见于显微镜下。同时还含有肉眼可见的化石，如双壳类、软体动物、腕足类和棘皮类等动物化石。

晶体通常呈微粒状，颜色多呈白色或灰色，条痕无色

主要用途

白垩主要可用作粉刷材料，制造粉笔等产品。

具有玻璃光泽

自然成因

白垩主要由碳酸钙水溶液沉淀而成，也常见于白垩纪海洋，或呈巨厚状在沉积岩中产生。

质地较软

产地区域

● 世界著名产地有美国纽约州艾塞克斯等。
● 中国著名产地有江西等。

溶解度

白垩不溶于水，可溶于冷稀盐酸、稀醋酸和稀硝酸，并产生气泡；不溶于醇。

岩石结构

微粒状结构。

特征鉴别

白垩具有荧光。无臭、无味。在高温条件下易分解为氧化钙和二氧化碳。
遇冷稀盐酸会起气泡。
和白云石共生，且性状相似。不同处如在于，白云石在热的盐酸中，才有显著的气泡反应。可以从硬度、菱形的解理、浅色、玻璃光泽予以鉴定。

| 形成：海洋 | 粒度：细粒 | 分类：化学岩 | 化石：无脊椎动物、脊椎动物 | 颗粒形态：圆形、棱角状 |

215

钟乳石

钟乳石，又称石钟乳、石笋、石柱、虚中、公乳、留公乳、芦石、夏石、黄石砂等，主要成分为碳酸钙。颜色通常比较淡，偶尔会因含有杂质（如氧化铁）而带有颜色，在阳光下具有闪星状的亮光，近中心带有圆孔，同时具有浅橙黄色同心环层。若含钙水与空气接触，会释放出二氧化碳，同时会使碳酸钙慢慢沉积下来，而水分的蒸发会让这个过程加速。

呈圆锥形或圆柱形的集合体，表面白色、灰白色或棕黄色，粗糙，凹凸不平

主要用途
钟乳石主要用作药材。

自然成因
钟乳石主要形成于洞穴顶部裂隙渗出的含钙水沉积作用中。

岩石结构
细长状结构，多见于洞穴顶部。

产地区域
● 中国主要产地有山西、湖北、湖南、四川、广东、广西、贵州、云南等。

特征鉴别
钟乳石遇稀盐酸会产生大量气泡，生成钙盐溶液。
味甘，性温，无毒，无臭。
体重，质硬，断面较为平整，易砸碎，光照下观察可见闪星状的亮光。
近中心的位置多有圆孔，圆孔周围有浅橙黄色同心环层，偶见放射状纹理。
色泽白、灰白及断面具闪星状亮光者为佳。

形成：陆地	粒度：晶质	分类：化学岩	化石：无	颗粒形态：结晶

贝壳石灰岩

贝壳石灰岩属于一种含有大量化石贝壳的石灰岩，多由完整的生物贝壳被泥晶方解石固结而成，主要成分为生物碎屑和方解石，也常含有多种腕足动物和双壳类动物化石。岩石基质主要为方解石的胶结，同时含有氧化铁和矿物碎屑。

颜色通常为浅棕色或灰色

主要用途
贝壳石灰岩主要用于科学研究。

自然成因
贝壳石灰岩主要在海洋中形成，也有少数于淡水中产生。

基质颗粒呈中粒至细粒

岩石结构
粒屑结构，厚层状构造。
岩石主要由生物碎屑、方解石构成，多呈灰色。

特征鉴别
含有化石的石灰岩，很大一部分都是由化石碎片组成，一半都通过含钙的泥土胶结而成。贝壳石灰岩中的生物，多具原地死亡原地埋藏的特征。

产地区域
● 世界主要产地为美国纽约州。

形成：海洋、淡水	粒度：中粒、细粒	分类：化学岩	化石：无脊椎动物	颗粒形态：棱角状

无烟煤

无烟煤，又称白煤、红煤，属于一种坚硬、致密且高光泽的煤矿，含碳量高达 90%，挥发物达 10%，煤化程度高，但挥发分产率较低。在所有煤品种中，无烟煤的发热量是比较低的，但含碳量却是最高的，杂质含量也最少。

颜色通常为黑色

主要用途

无烟煤的块煤可应用于化肥（氮肥、合成氨）、陶瓷、制造锻造等行业；粉煤可于冶金行业用于高炉喷吹（高炉喷吹煤主要包括无烟煤、气煤、贫煤和瘦煤）；其次还可用于生活给水及工业用水的过滤净化处理。

颗粒状，由泥炭聚积形成

质地坚硬，具有玻璃质感，金属光泽

自然成因

无烟煤主要是由泥炭聚积形成。压力的增大和温度的增加，导致挥发物质挥发，产生了无烟煤。

岩石结构

颗粒状。

产地区域

● 中国主要产地有山西、河南、贵州、宁夏等。

（特征鉴别）

无烟煤断口呈贝壳状，密度和硬度都较大，燃点高，燃烧时火焰短且不会冒烟。以脂摩擦也不致染污。

无烟煤和烟煤外形相似，但无烟煤的含碳量较高，挥发分较低，需要较高的温度才能燃烧。烟煤的含碳量低，挥发分较高，比较容易燃烧。

形成：陆地	粒度：中粒、细粒	分类：化学岩	化石：植物	颗粒形态：无

217

白云岩

　　白云岩属于一种沉积碳酸盐岩石，外形与石灰岩相似，遇稀盐酸会缓慢生成气体或不反应。主要成分为白云石，是沉积岩中分布最广的矿物，也常含有方解石、长石、石英和黏土矿物等杂质。此然还含有钙、镁、硅三种矿物元素，因含镁量较高，在风化后易形成白色石粉。

主要用途

白云岩在冶金工业中可作为熔剂和耐火材料；在化学工业中可制造粒状化肥和钙镁磷肥等；也广泛应用于建材、陶瓷、玻璃、焊接、橡胶、造纸、塑料等工业中；也用于农业、环保、节能、药用及保健等领域。

通常呈土状和致密状，颜色常呈无色或白色，也呈淡肉红色、浅黄色、浅黄灰色、灰褐色和灰白色等

自然成因

白云岩主要在海洋环境中形成，同时可在交代原石灰岩中二次形成。

溶解度

白云岩不溶于水。

具有晶粒结构、碎屑结构、残余结构或生物结构

〔品种鉴别〕

按形成条件可将白云岩分为原生白云岩、成岩白云岩、次生白云岩。

按结构特征可分为结晶白云岩、残余异化粒子白云岩、碎屑白云岩、微晶白云岩等。

岩石结构

晶粒或中粒结构、碎屑结构、残余结构或生物结构。

具有玻璃光泽

〔特征鉴别〕

白云岩性质脆，硬度较大，用铁器易划出擦痕。

野外肉眼识别白云岩最重要的特征为：白云岩风化面上常有白云石粉，还会有纵横交错的刀砍状溶沟。

| 形成：海洋 | 粒度：中粒、细粒 | 分类：化学岩 | 化石：无脊椎动物 | 颗粒形态：结晶 |

烟 煤

烟煤属于煤变质后的产物，煤化程度中等，同时也是自然界中分布最广最多的煤种。含碳量达 80%~90%，不含游离的腐殖酸，但含有少量的氧和氢，因燃烧时会产生浓烟而得名。根据挥发分含量和胶质层的厚度或工艺性质，可分为气煤、肥煤、长焰煤、炼焦煤、瘦煤和贫煤等，其中挥发分含量中等的称为中烟煤，较低的称为次烟煤。

有明显的条带状构造和凸镜状构造

自然成因

烟煤主要形成于褐煤层的压力作用下。

主要用途

烟煤的用途较为广泛，可用于燃料、燃料电池、气化用煤、炼焦、动力、催化剂或载体、建筑材料、土壤改良剂、过滤剂、吸附剂等。

颜色通常呈灰黑色至黑色，粉末呈棕色至黑色，条痕呈黑色

具有玻璃、油脂、沥青、金属、金刚等光泽

产地区域

● 世界主要产地有美国、俄罗斯、澳大利亚、南非和欧洲各国等。
● 中国主要产地分布在北方各地。

岩石结构

条带状构造和凸镜状构造，结构均匀，外观与熔合物质相似。

特征鉴别

烟煤若触摸可污手，燃烧时火焰较长而多烟。

形成：陆地	粒度：中粒、细粒	分类：化学岩	化石：植物	颗粒形态：无

褐煤

　　褐煤，又称柴煤，属于一种煤化程度最低的矿产煤，介于泥炭和沥青煤之间，含碳量达60%~77%，此外还含有较多的杂质和挥发物质。其含水量较高，易碎，遇空气易风化碎裂，燃烧时会对空气产生污染。

颜色通常呈棕色或棕黑色

质地较为粗糙，不如其他煤致密

产地区域

● 世界主要产地有墨西哥湾沿岸、太平洋沿岸的美国华盛顿州、俄勒冈州和加利福尼亚州等。
● 中国主要产地为内蒙古东部和云南东部，也有少量产自东北和华南地区。

主要用途

褐煤主要用作发电厂的燃料；也可作化工原料、吸附剂、催化剂载体、净化污水和回收金属等。

自然成因

褐煤主要在第三纪和中生代岩层中形成，偶尔也见于浅层泥炭中。

无光泽

岩石结构

褐煤相比其他煤，不致密。

（品种鉴别）

褐煤通常有两种：
土状褐煤：质地疏松，较软。
暗色褐煤：质地致密，较硬。通常用于家庭燃料、工业热源燃料及发电的燃料；也可作为气化、低温干馏等的原料。

| 形成：陆地 | 粒度：中粒、细粒 | 分类：有机岩 | 化石：植物 | 颗粒形态：无 |

泥炭

　　泥炭，又称草炭、泥煤，主要是植物转变成褐煤和烟煤的初始阶段，是煤化程度最低的煤，含碳量较高，同时含有钙、锰、钾、磷、氮等多种元素，是一种无毒、无菌、无污染、无公害和无残留的绿色物质。呈微酸性反应，并层状分布的称为泥炭层。

颜色通常呈棕色或黑色

主要用途

泥炭多被用作日常生活中的燃料来使用；也可应用于制酒、建植、建筑、盆栽、育苗、有机和无机肥的原料及改良土壤等。

含有大量水分和未被彻底分化的植物残体、腐殖质和一部分矿物质

质地松脆，结构松散

自然成因

泥炭主要由植物残骸在森林、沼泽等地经沉积腐烂而产生。
泥炭是沼泽地形的特征之一，是沼泽在形成过程中的必然产物，主要来源是"泥碳苔"或"泥碳藓"以及其他的有机物质和动物尸体等。

岩石结构

结构较为松散，可见到大量植物碎片及部分矿物质。

产地区域

● 世界主要产地有美国佛罗里达州，其他地区也有产出。

（特征鉴别）

泥炭具有可燃性和吸气性，质地较为松脆，用手即可捻碎。

形成：陆地	粒度：中粒、细粒	分类：化学岩	化石：植物、无脊椎动物	颗粒形态：无

燧 石

　　燧石，又称火石，是一种较
为常见的硅质岩石，主要由隐晶
质的二氧化硅组成。通常以硅质
结核或片状产出，特别是在石灰岩
类的沉积岩和熔岩中。根据存在的状态，
可分为层状燧石和结核状燧石。其中层状燧石多与含磷和含锰的
黏土层共生，结核状燧石多产于石灰岩中，呈卵状、球状、盘状、
棒状、葫芦状和不规则状等。薄片常被用作工具。

三方偏方面体晶类，常发育成完
好柱状晶体，
常见单形有六方柱、菱面体、三
方双锥及三方偏方面体等，柱面
有横纹

自然成因

　　燧石主要形成于二氧化硅沉
积作用中，通常以带
状、胶体状和结核
状见于海底。

产地区域

　● 世界各地均有广泛分
布和产出。

品种鉴别

层状燧石：通常都是分层存在，与含磷
和含锰的黏土层共生，单层厚度不大，
总厚度可达几百米，有块状和鲕状的区别。
结核状燧石：多产于石灰岩中，有球状、卵状、
棒状、盘状、葫芦状、不规则状等结核体。

主要用途

燧石主要用作研磨的原料。

颜色通常呈浅灰色
或黑色，条痕为无
色至白色

岩石结构

由隐晶质的二氧化硅组成，在
显微镜下能观察到它的成分。

具有油脂光泽

特征鉴别

燧石质地致密且坚硬，断裂
后呈贝壳状断口。

| 形成：海洋 | 粒度：细粒 | 分类：化学岩 | 化石：无脊椎动物、植物 | 颗粒形态：结晶 |

铁陨石

　　铁陨石是一种主要成分为铁和镍的
陨石，此外还含有少量的陨磷铁镍矿、
陨硫铬矿、铬铁矿、陨碳铁、陨硫铁
和石墨等，有少量的铁陨石会含有硅
酸盐包体，通常会因风化而剥落，易
在表面产生麻点，表面凹凸不平。

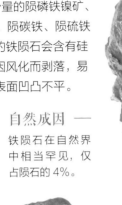

主要用途

铁陨石主要可用来
制作工具和武器。

自然成因 ——

铁陨石在自然界
中相当罕见，仅
占陨石的 4%。

产地区域

● 世界主要产地有美
国和中国等。

呈棱角形、圆形，
分为六面体和八面体

（特征鉴别）

六面体铁陨石的镍元素含量很低，没有魏德曼花纹。
八面体铁陨石是最为普通的铁陨石，镍元素含量较
高，有魏德曼花纹。
无纹铁陨石非常罕见，镍元素的含量很高，没有魏
德曼花纹。

包体会因风化而剥落，
易在表面产生麻点

岩石结构

　　根据含镍元素的多少，可呈现由铁纹石和镍纹石片晶
构成的维斯台登构造。
　　当铁陨石中的镍元素含量增加时，可能不会出现维斯
台登构造，多为大的铁纹石单晶体，具六面体解理。
　　当铁陨石中镍元素含量较小时，细粒八面体铁陨石的维
斯台登构造消失，呈现细粒铁纹石和镍纹石角砾斑杂状的
交生现象。
　　当镍元素含量最大时，形成主要由镍纹石组成的无结构的铁陨石。

表面凹凸不平

形成：外星　粒度：结晶　分类：铁石　形状：棱角形、圆形　成分：硅酸盐、金属　223

角砾岩

角砾岩是一种沉积碎屑岩，主要由颗粒直径大于 2 毫米的圆状、次圆状或棱角状岩石碎屑经胶结而成。常见分类为滨岸砾岩、河成砾岩、冰碛砾岩、岩溶砾岩、火山砾岩。但大型的棱角状碎屑堆积会在多种环境中形成，尤其是风化作用中。

由颗粒直径大于 2 毫米的圆状、次圆状或棱角状岩石碎屑经胶结而成

主要用途

角砾岩可应用于建筑材料。

自然成因

角砾岩主要在悬崖底部的岩屑堆中形成。

表面粗糙，可见明显的砾石

岩石结构

层理构造，仅在野外的大范围内才能看清。

品种鉴别

断层构造角砾岩：原岩在断层作用下破碎成角砾状，被破碎细屑充填胶结，以及被外物胶结的岩石。

热液爆破砾岩：指热液压力大于上覆岩层的静压力，体积急剧膨胀，使围岩发生热液爆破而形成的角砾岩。

岩浆爆破砾岩：成因与热液爆破角砾岩相似。岩浆隐蔽爆破，可分为气爆和浆爆以及热液注入。通常气爆发生于早期，其次为浆爆，最后为热液注入。

| 形成：过渡带、水 | 粒度：极粗粒 | 分类：碎屑岩 | 化石：不常见 | 颗粒形态：棱角状 |

钾 盐

无色，也呈微白色、灰色、红色、黄色、紫色或微蓝色

钾盐是一种天然的含钾矿物，包括氯化钾、钾石岩、光卤石、硫酸镁石和钾盐镁矾等。颜色通常为无色透明，若含有氧化铁则会呈橘红色，条痕为白色。

主要用途

钾盐主要用来制作工业用的钾化合物和钾肥。大部分的钾盐产品用作肥料，是农业领域的三大肥料之一；少部分应用于工业，如玻璃、陶瓷、罐头、皮革、电器、冶金等。

自然成因

钾盐主要由含盐溶液沉积而形成，常见于白云岩、泥灰岩和泥岩等蒸发层，有时也在干涸的盐湖中产生，常与石盐、石膏、光卤石和杂卤石等共生。

产地区域

● 世界主要产地有德国、法国、美国、俄罗斯、加拿大、意大利、西班牙、哈萨克斯坦、波兰和伊朗等。

● 中国主产地有新疆罗布泊现代盐湖、青海柴达木现代盐湖和云南勐野井固体钾盐矿。

晶体通常呈立方体或八面体，也呈粒状、致密粒状、皮壳状或块状的集合体

岩石结构

晶状物结构。

溶解度

钾盐易溶于水。

特征鉴别

钾盐味苦咸且涩，燃烧时火焰呈紫色。

| 形成：海洋、盐湖 | 粒度：晶质 | 分类：化学岩 | 化石：无 | 颗粒形态：结晶 |

黄土

黄土是在地质时代中的第四纪期间以风力搬运的黄色粉土沉积物，主要分为原生黄土和次生黄土，由微小棱角状的石英、方解石颗粒、长石及其他岩石碎屑组成。在风的作用下，黄土颗粒可能会被磨圆，导致很难辨认它的层理。中国具有深厚的黄土层。

主要用途

黄土主要用作药材。

颜色通常呈浅黄色或浅棕色

自然成因

黄土主要由风力作用搬运沉积而形成，并产生极厚的黄土层。

岩石结构

黄土通常呈土状和多孔状，若胶结不佳，则会碎裂。

产地区域

● 世界主要产地为北半珠的中纬度干旱及半干旱地带、南美洲及新西兰等。
● 中国主要产地为昆仑山、秦岭、泰山、鲁山连线以北的干旱、半干旱地区，以及陕西、山西、甘肃东南部和河南西部。在北京、河北、四川、青海、新疆，以及松辽平原和皖北淮河流域等地也有少量分布。

呈土状和多孔状

若胶结不佳，则会碎裂

品种鉴别

黄土分原生黄土和次生黄土。
原生黄土：是原生的、成厚层连续分布，与基岩不整合接触，无层理，常含有古土壤层及钙质结核层，垂直节理发育。
次生黄土：指黄土状土，多为洪积、坡积、冲积成因，堆积在洪积扇前沿、低阶地与冲积平原上，有层理，垂直节理不发育，不容易形成陡壁。

形成：大陆　粒度：细粒　分类：碎屑岩　化石：罕见，但中国较为常见　颗粒形态：圆形、棱角状

砂岩

砂岩属于沉积岩的一种，主要含有钙、硅、黏土和氧化铁，分为碎屑和填隙物两个部分。碎屑常见的矿物有石英、白云母、长石、方解石、黏土矿物、白云石、鲕绿泥石和绿泥石等。填隙物也分为胶结物和碎屑杂基，常见胶结物有硅质和碳酸盐质胶结；杂基成分则是与碎屑同时沉积的颗粒更细的黏土或粉砂质物。

通常呈棱角状或圆形

自然成因

砂岩主要在多种地质环境中形成，是较为常见的岩石，常见于水中，少数见于干旱的内陆。
通常为源区岩石经风化、剥蚀、搬运，在盆地中堆积形成。

产地区域

● 中国主要产地有山东、四川和云南，也分布在河北、河南、山西、陕西等地。

通常呈红色或淡褐色，结构较为稳定

主要用途

砂岩无光污染，无辐射，对人体无放射性伤害，是优质天然石材。
砂岩还因其能隔音、吸潮、抗破损，户外不风化，水中不溶化、不长青苔及易清理等特点，应用非常广泛。

颗粒大小均匀

岩石结构

岩石由碎屑和填隙物两部分构成。
砂岩的颗粒大小均匀，通常呈棱角状或圆形，由各种砂粒胶结而成。

品种鉴别

砂岩按岩石类型可分为：石英砂岩、石英杂砂岩、长石砂岩、长石杂砂岩、岩屑砂岩、岩屑杂砂岩。

形成： 海洋、淡水、大陆 | **粒度：** 中粒 | **分类：** 碎屑岩 | **化石：** 无脊椎动物、脊椎动物 | **颗粒形态：** 棱角状、圆形

泥岩

泥岩是一种由弱固结的黏土经过中等程度的后生作用而形成的强固结的岩石。矿物的成分较为复杂，主要由黏土矿物组成，如水云母、高岭石、蒙脱石等，同时还含有氧化铁；其次为碎屑矿物，如石英、长石和云母等；后生矿物，如绿帘石和绿泥石等；以及铁锰质和有机质。

质地较为松软，固结程度较页岩弱，重结晶不明显

主要用途

泥岩通常应用于砖瓦、制陶等工业。

层理不明显

自然成因

泥岩可在多种沉积环境中形成，主要由混浊的泥质沉积物于海洋和湖泊中沉积产成。

颗粒细小，呈棱角状

岩石结构

细小颗粒状，无法用肉眼辨认。固结成岩，层理不明显，或呈块状，局部失去可塑性。

（特征鉴别）

泥岩具有耐火性、吸水性及黏结性。遇水不立即膨胀。

（品种鉴别）

泥岩可分为：含粉砂泥岩，粉砂质泥岩，钙质泥岩、硅质泥岩、铁质泥岩、炭质泥岩、锰质泥岩，黄色泥岩、灰色泥岩、红色泥岩、黑色泥岩、褐色泥岩，高岭石黏土岩、伊利石黏土岩、高岭石－伊利石黏土岩。

形成：海洋、淡水	粒度：细粒	分类：碎屑岩	化石：无脊椎动物、植物	颗粒形态：棱角状

竹叶状石灰岩

竹叶状石灰岩属于寒武系碳酸盐类的沉积岩，简称竹叶状灰岩，也是石灰岩的一种。通常由碎石经海水长时间侵蚀和冲击，逐渐变成类似橄榄状的碎石块，之后经过地壳运动或是沧海变迁，慢慢被钙质胶结、黏合或挤压在一起，再由雨水冲刷或是风力侵蚀等形成。

主要用途
竹叶状石灰岩是一种具有光泽和花色的石灰岩，可用作建筑装饰材料或制作工艺品。

主要产地
● 中国主要产地有山东苍山、平邑、济南张夏馒头山等，华北地台上寒武统崮山组等。

自然成因 ———
竹叶状石灰岩主要由浅水海洋中形成的薄层石灰岩，被较为强劲的水动力搬运、撕碎和磨蚀后堆积，再经过成岩作用而形成。

岩石结构
竹叶状结构。

（ 特征鉴别 ）———
截面有砾石呈竹叶状。

属于寒武系碳酸盐类的沉积岩，颗粒较粗，通常呈棱角状

形成：过渡带、水	粒度：粗粒	分类：碎屑岩	化石：无脊椎动物	颗粒形态：棱角状

砾 岩

砾岩属于碎屑岩的一种，主要由圆浑状的砾石胶结而成。主要成分为岩屑，同时含有少量的矿物碎屑，填隙物为砂、粉砂、黏土物和化学沉淀物等。

主要用途
砾岩主要可用作建筑材料。

层理构造

岩石结构
层理构造，在野外大范围才能被看清。

粗颗粒，直径2毫米以上

填隙物中常含金、铂和金刚石等贵重矿产

自然成因 ———
砾岩层主要是在大规模的造山运动之后形成，在地形陡峭、气候干燥的山区也可产生。

形成：过渡带、水	粒度：粗粒	分类：碎屑岩	化石：不常见	颗粒形态：棱角状

玻璃石英砂岩

玻璃石英砂岩是一种沉积岩，属沉积碎屑岩中的砂岩，同时也是硅石（石英岩、石英砂岩、石英、脉石英、石英砂岩砂）中的一种。矿物成分中的二氧化硅含量高达96%~97%，三氧化二铁的含量则低于0.2%。

成分中的二氧化硅含量高达96%~97%，三氧化二铁的含量则低于0.2%

主要用途

玻璃石英砂岩属玻璃及冶金辅助原料的矿产。主要是制造各种玻璃及玻璃器皿的硅质原料。

自然成因 ——

玻璃石英砂岩主要在岩石碎屑中形成。

矿物成分

玻璃石英砂岩的矿石成分里，二氧化硅含量大，三氧化二铁含量较小。

产地区域

● 中国主要产地为山西，分布在垣曲县西峰山、虎狼山，忻州白马山、石人崖，中阳县柏洼坪和灵石县尽林头等地。

岩石结构

结构较为致密，硬度较大。

硬度极大

颗粒为棱角状

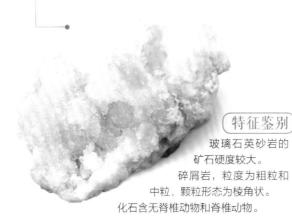

特征鉴别

玻璃石英砂岩的矿石硬度较大。碎屑岩，粒度为粗粒和中粒，颗粒形态为棱角状。化石含无脊椎动物和脊椎动物。

| 形成：海洋、淡水、陆地 | 粒度：粗粒、中粒 | 分类：碎屑岩 | 化石：无脊椎动物、脊椎动物 | 颗粒形态：棱角状 |

泉华

　　泉华是一种溶解有矿物质和矿物盐的地热水及蒸气在岩石裂隙和地表的化学沉积物，分为硫华、硅华、钙华、盐华和金属矿物五大类。非金属泉华的矿物类别有方解石、蛋白石、文石、自然硫和其他可溶性硫酸盐矿物、硅酸盐矿物、碳酸盐矿物、硝酸盐矿物和硼酸盐矿物等；金属泉华的矿物有黄铁矿、辉锑矿和辰砂等。若砾石较多，则称为石质结砾岩。

因含有氧化铁杂质，颜色呈独特的红色和黄色，结晶体，具有沉积纹理，呈皮壳状

自然成因

泉华主要是由含钙的水覆盖住植物和苔藓而形成带有皮壳的化石，也常因温度和压力的变化，在水中沉积而成。

岩石结构

结晶体，具有沉积纹理。

产地区域

● 中国主要产地有云南中甸的白水台。

| 形成：陆地 | 粒度：细粒 | 分类：化学岩 | 化石：植物、无脊椎动物 | 颗粒形态：结晶 |

石灰华

　　石灰华，又称孔石，是一种更致密且呈带状的泉华，主要成分为碳酸钙，此外还含有部分碎屑和黏土，几乎不含化石。颜色通常比较淡，除非含有铁化合物或其他会使岩石产生颜色的杂质。一般呈块状、圆粒状或葡萄状，具有隐晶质结构，钟乳状构造。

主要用途

石灰华可药用，清热补肺，清热消炎，主治各种肺炎、肺热病。

主要由方解石的微小晶体组成，呈不规则块状

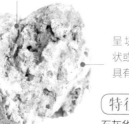

岩石结构

石灰华属于石灰石和大理石。
主要由方解石的微小晶体组成，同时将其他沉积颗粒胶结。

呈块状、圆粒状或葡萄状，具有带状构造

自然成因

石灰华主要产生于固体碳酸钙沉积作用中，常见于岩层，多以成层产出。此外还与深源喷出的泉水有关，特别是火山地区的温泉，多由温泉的方解石沉积而成。

产地区域

● 中国范围内的主要产地为西藏林芝、四川自贡，以及冈底斯山脉。

(特征鉴别)

石灰华表面略平滑，体轻松脆。
掰成小块后捻成粉，具有滑润感，味微甘。

| 形成：陆地 | 粒度：晶质 | 分类：化学岩 | 化石：罕见 | 颗粒形态：结晶 |

采集矿物与岩石

野外装备

第一，参考资料。包括旅行指南、详细的地图、地质图、大比例尺的地形图等。

第二，罗盘。它是野外作业必须携带的工具之一，尤其在缺少地形特征的地区，更需要用罗盘定位。

罗盘

第三，硬盔安全帽。在峭壁下或采石场的开采面上工作时，为了保证安全，必须带上硬盔安全帽。

安全帽

第四，地质锤、钢凿（扁头凿和细长尖头凿）等采集工具。地质锤主要用来敲打岩石，一般不用它来挖掘，但为了保护所在地区的地质环境不被破坏，尽量少用。钢凿主要用来采集各种矿物或岩石。

钢凿

第五，护目镜和手套。在使用各种锤子作业时，应戴护目镜，以防岩石的碎屑溅入眼中，同时也要戴上手套保护双手。

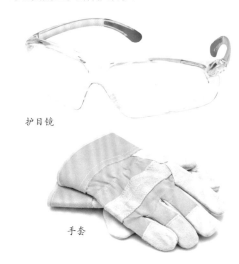

护目镜

手套

第六，照相机、摄像机、笔记本、圆珠笔、铅笔等。缺乏详细记录的矿物与岩石标本没有科学价值，因此，一定要记下、拍下或摄录下标本的采集情况，还要在笔记本上记下详细的笔记，包括采集地点的地层、岩石构造和地质状况等，并配上草图。

笔记本

照相机

笔

第七，报纸、布袋或泡沫袋等包装工具。标本采集后，要用报纸、布袋或泡沫袋等进行包装，并在上面做好清楚的标记。

除此之外，还可根据自己的需要带工具，如便携式放大镜、密闭的透明塑料袋、硬塑胶容器以及用来测试硬度的万能刀等。

室内工具

从野外采集来的标本带回室内后，为了便于收藏，还要进行一些处理，下面是一些必备的室内工具：

第一，金属工具。如锥、锋利的尖头削刮器、药刀、尖刮刀等，可用来剔除标本上的岩屑，并撬开标本，但注意不能损伤岩石内部。

锥

第二，清洗工具。包括毛刷和清洗液。毛刷分为软毛和硬毛材质，清洗液包括自来水、蒸馏水、酒精等。许多标本都带有泥土或岩石基质，可用毛刷清除，但千万不能用重或锐利的工具敲打或剔除标本。如果标本是花岗岩或片麻岩等硬岩石，可用粗毛刷和自来水清洗；如果是方解石等硬度较低的岩石，可用细毛刷和蒸馏水（不含活性化学添加剂）清洗；对于可溶于水的矿物，则必须用其他液体进行清洗，如可用酒精清洗硝酸盐、硫酸盐以及硼酸盐类矿物，可用稀盐酸清洗硅酸盐类矿物，把硅酸盐浸泡在稀盐酸中 7~10 个小时，可清除其被覆的碳酸盐碎片。

毛刷　　　　　　蒸馏水

第三，鉴定工具。主要包括条痕盘、硬度测试工具和便携式放大镜等。

除此之外，用来吸干清洗液的软纸、可伸进缝隙里的棉花棒、精制的吹球等都需要准备。

陈放标本

处理过的标本应有条理地陈放在容器中，并为它贴上标签、编制目录，否则这些标本就会失去其科学价值。

首先，应把标本放在相应的盒子中。如果标本易碎，为了防止摩擦，可先用棉纸包起来，然后再单独放进比标本稍大的厚纸匣或厚纸盒中。当然，为了便于观察，也可以放进盖子透明的小塑胶盒中。如果标本的硬度较大，可直接放进盒中，再把它们摆放在抽屉或玻璃柜里，以免灰尘累积在缝隙里。

其次，制作标签和目录。每个放标本的盒中都要放一张标签，上面注明名称、产地、采集日期以及编号，然后再把标本名称及编号编入目录。此外，目录中还应留出备注一栏，以填写更详细的资料，包括所有的地图参考资料、产地地质状况等。

除此之外，为了方便使用，还可制作卡片索引，将标本名称按照字母顺序编排，空白处可转野外记录，甚至复制现场草图。